Idris Ababakar Mohammed

Manual de formação em eletricidade automóvel/manutenção eletrónica

Idris Ababakar Mohammed

Manual de formação em eletricidade automóvel/manutenção eletrónica

Manual de Eletricidade Automóvel / Eletrónica

ScienciaScripts

Imprint

Any brand names and product names mentioned in this book are subject to trademark, brand or patent protection and are trademarks or registered trademarks of their respective holders. The use of brand names, product names, common names, trade names, product descriptions etc. even without a particular marking in this work is in no way to be construed to mean that such names may be regarded as unrestricted in respect of trademark and brand protection legislation and could thus be used by anyone.

Cover image: www.ingimage.com

This book is a translation from the original published under ISBN 978-3-659-83310-6.

Publisher:
Sciencia Scripts
is a trademark of
Dodo Books Indian Ocean Ltd. and OmniScriptum S.R.L publishing group

120 High Road, East Finchley, London, N2 9ED, United Kingdom
Str. Armeneasca 28/1, office 1, Chisinau MD-2012, Republic of Moldova, Europe
Printed at: see last page
ISBN: 978-613-9-93413-3

ÍNDICE DE CONTEÚDOS

AGRADECIMENTOS

O investigador expressa especialmente a sua profunda gratidão à Dra. T. C. Ogbuanya pelas suas inestimáveis sugestões, críticas, tolerância, paciência e orientação ao longo das fases deste trabalho. Ela fê-lo apesar dos seus horários e compromissos apertados. A sua disponibilidade e encorajamento tornaram o investigador mais concentrado e resistente. Também são reconhecidos neste trabalho Mal. Mohammed Mustapha, Mal. Danjuma G. Usman e o Sr. Yakubu J. Pakshar, que tornaram a operação e a administração dos dados bem sucedidas. Um agradecimento especial ao Prof. G. D. Momoh, Prof. K. A. Salami, Prof. S. A. Ma'aji, Dr. E. J. Ohize, Dr. P. A. Omozokpia, Dr. B. N. Astumbe, Dr. S.O. Owodunni, Mallam Hassan, A. M. e a outros colegas demasiado numerosos para serem mencionados, pelos seus incentivos persistentes e sugestões feitas sobre este trabalho.

Merecem uma menção especial toda a família do falecido Embaixador Idris Mohammed Aliyu Ja'agi, Alhaji Abdullahi Mohammed (DanAsabe) e amigos pelo seu inestimável apoio moral, espiritual e financeiro. Por último, o investigador deve louvar a oração, a paciência e a compreensão da sua querida esposa Hauwa Mustapha Abubakar e de todos os meus filhos, Mustapha, Fatima e Aisha. Os seus contributos ao longo dos meus dias na universidade são avassaladores. Todos os agradecimentos e louvores vão para ALLAH, o Senhor da bondade, da Humanidade e do Universo, que tornou possível a conclusão do programa de doutoramento, e para todos aqueles que contribuíram para que este trabalho se tornasse realidade.

Idris. A. M. *(Ph.D)*

Resumo

O objetivo do estudo é desenvolver um manual de formação em manutenção de auto-eletricidade/eletrónica para estudantes de escolas técnicas. Auto-eletricidade/eletrónica é um curso de comércio mecânico oferecido como trabalho de mecânica de veículos motorizados em escolas técnicas na Nigéria. Este curso foi concebido para formar artesãos competentes que possam testar, diagnosticar e reparar completamente qualquer avaria num veículo a motor de acordo com as especificações do fabricante. No entanto, a maioria destes estudantes não possui as competências práticas adequadas e necessárias para reparar avarias em auto-eletricidade/eletrónica. A utilização de um manual de formação em auto-eletricidade/eletrónica pode orientar e ultrapassar este problema. Tornou-se, portanto, pertinente desenvolver um manual de formação em auto-eletricidade/eletrónica para estudantes de escolas técnicas. Foi adotado um modelo de investigação e desenvolvimento (I&D) para o estudo. A população do estudo é de 348 pessoas, incluindo 76 professores de auto-mecânica, 36 supervisores de automóveis e 237 estudantes de todas as escolas técnicas dos Estados do Noroeste da Nigéria. Não houve uma amostra para o estudo; no entanto, foi utilizada uma amostra intencional para os estudantes utilizados nos testes experimentais. Sete objectivos específicos, seis questões de investigação e uma hipótese nula orientaram o estudo. Os instrumentos de recolha de dados são: o Questionário do Manual de Formação em Auto-Eletricidade (ATMQ), o Teste Psicomotor de Auto-Eletricidade (APT) e a Escala de Avaliação da Auto-Eletricidade (ARS). O ATMQ, o APT e a ARS foram submetidos a uma validação presencial por cinco peritos da universidade, das escolas técnicas e da indústria automóvel. O ATMQ foi testado em estudantes do Government Technical College de Minna e em supervisores de automóveis de empresas automóveis de Minna para determinar a sua fiabilidade. O Alfa de Cronbach foi utilizado para determinar a fiabilidade do ATMQ, tendo as secções B, C, D, E e F produzido coeficientes de 0,72, 0,81, 0,76, 0,78 e 0,73, respetivamente. O coeficiente de concordância de Kendall foi utilizado para estabelecer a consistência interna do APT e produziu um coeficiente de 0,75. Os dados foram analisados com recurso à média e ao desvio-padrão, enquanto a ANCOVA foi utilizada para testar a hipótese, tendo sido obtido um coeficiente de 0,044 a um nível de significância de 0,05. O estudo desenvolveu um manual de formação em manutenção de auto-eletricidade/eletrónica com ilustrações pictóricas para escolas técnicas. Por conseguinte, recomendou-se a utilização do manual de formação em manutenção de auto-eletricidade/eletrónica a fim de melhorar a formação de competências práticas nas escolas técnicas.

1. INTRODUÇÃO

Antecedentes do estudo

A tecnologia de auto-eletricidade/eletrónica é uma das profissões mecânicas oferecidas como trabalho de mecânico de automóveis nas escolas técnicas da Nigéria. O programa de trabalho de mecânica automóvel nas escolas técnicas da Nigéria foi concebido para produzir artesãos competentes que possam testar, diagnosticar, fazer a manutenção e reparar completamente qualquer avaria no veículo automóvel de acordo com as especificações do fabricante (National Board for Technical Education (NBTE, 2001). O objetivo da prática da mecânica automóvel é dar formação e transmitir as competências necessárias para a produção de artesãos, técnicos e outro pessoal qualificado que seja empreendedor e autónomo (NBTE, 2003). O NBTE (2003) especificou que os componentes da prática de mecânica de veículos a motor estão organizados em módulos. As componentes incluem o chassis e a disposição do veículo, a manutenção do motor, o sistema de arrefecimento, o sistema de suspensão, o sistema de direção, o sistema de travagem, o sistema de transmissão, os trabalhos de recondicionamento, os grandes trabalhos de reparação do motor, a mecânica da estação de serviço e a eletricidade/eletrónica automóvel. A auto-eletricidade/eletrónica é definida como as unidades de controlo do sistema elétrico dos veículos a motor (Denton, 2004). A auto-eletricidade/eletrónica envolve a aplicação de conhecimentos científicos na conceção, seleção de materiais, construção, funcionamento e manutenção do aspeto elétrico dos automóveis. Os estudantes de mecânica automóvel estudam a auto-eletricidade/eletrónica sob a orientação dos seus professores nas escolas técnicas.

As escolas técnicas são escolas pós-primárias onde os estudantes aprendem competências em várias profissões. De acordo com Bakare (2009), as escolas técnicas têm a responsabilidade de formar artesãos. Akpan (2003) afirma que as escolas técnicas são concebidas para preparar os indivíduos para adquirirem competências práticas, conhecimentos científicos básicos e atitudes necessárias como artesãos e técnicos a nível sub-profissional. Okoro (2006) sublinhou ainda que as escolas técnicas são consideradas as principais instituições de formação profissional na Nigéria, que ministram uma formação profissional completa destinada a preparar os estudantes para o ingresso em várias profissões como artesãos e artífices. Umar (2009) afirmou que, na maioria das escolas técnicas, as aulas são maioritariamente teóricas e os estudantes não têm a oportunidade de aplicar o que aprenderam na resolução de problemas novos/desconhecidos. Espera-se que os artesãos de automobilismo que recebem formação em mecânica de veículos a motor possuam competências de trabalho para serem bem sucedidos em eletricidade/eletrónica de automóveis e noutros aspectos da manutenção e reparação de automóveis.

No entanto, apesar da afluência de estudantes de auto-eletricidade/eletrónica das escolas técnicas ao longo dos anos, observou-se que a maioria dos estudantes de auto-eletricidade/eletrónica não conseguia aplicar os seus conhecimentos e competências para resolver eficazmente os problemas do sistema elétrico (Opeyemi, 2005). Estudos revelaram que os produtos das escolas técnicas estão inadequadamente preparados nas competências básicas necessárias para um emprego remunerado na indústria automóvel (Mohammed, 2008; e Machunga, 2008). A maioria dos estudantes de auto-eletricidade/eletrónica e dos auto-eletricistas recorre à tentativa e erro para reparar as avarias de auto-eletricidade/eletrónica nos veículos automóveis. Por conseguinte, parecem não ser qualificados e não estar equipados para lidar com as falhas ou problemas do sistema elétrico dos automóveis modernos. Parece haver lacunas entre a formação adquirida pelos estudantes das escolas técnicas e as competências necessárias para as novas tecnologias do sistema elétrico dos veículos a motor. Isto fez com que as competências necessárias para uma manutenção eficaz destes veículos automóveis continuassem a escapar aos estudantes das escolas técnicas. Por conseguinte, Jika (2010) afirmou que os artesãos de automóveis mal equipados na sociedade causam frequentemente mais danos aos veículos quando são contratados para os reparar. O autor explicou ainda que muitos dos veículos reparados por estes artesãos levaram muitas pessoas à morte prematura devido ao serviço inadequado prestado a esses veículos. As competências inadequadas adquiridas pelos estudantes podem dever-se ao tempo insuficiente atribuído às aulas práticas, à falta de materiais, ferramentas e equipamento para a realização de aulas práticas e à falta de conhecimentos especializados para a realização de aulas práticas nas escolas técnicas. Este facto é evidente nas escolas técnicas, onde várias disciplinas oferecidas nas escolas disputam o seu tempo, e este tempo insuficiente necessário para o trabalho prático pode ter resultado numa aquisição deficiente de competências (Audu & Umar, 2006). Além disso, o avanço tecnológico no local de trabalho e nas indústrias também exigiu a necessidade de equipar os diplomados em auto-eletricidade/eletrónica das escolas técnicas com competências básicas no local de trabalho que os tornem adaptáveis às mudanças actuais e futuras previstas no sector automóvel.

As oficinas mecânicas de veículos automóveis devem ter uma organização bem estruturada com supervisores, artesãos e artífices qualificados. No contexto deste estudo, um supervisor de automóveis é um funcionário experiente que já está há vários anos ao serviço da organização. É responsável pela direção e organização de todas as actividades na oficina automóvel. Espera-se que o supervisor de automóveis seja conhecedor e hábil na deteção, diagnóstico e reparação de avarias eléctricas de automóveis. Espera-se que os estudantes de auto-eletricidade/eletrónica possuam competências e conhecimentos básicos rudimentares em manutenção de auto-eletricidade/eletrónica desde as escolas técnicas. No entanto, a maioria destes estudantes não possui competências práticas básicas. Este facto pode dever-se a competências inadequadas dos seus professores. No entanto, é necessário tomar medidas urgentes para resolver esta tendência negativa. Uma forma de o fazer será a elaboração de um manual de formação que possa ser utilizado durante e após as aulas.

O manual de formação, que também pode ser um manual auto-instrucional, é um guia de instruções desenvolvido para ajudar o aluno ou o utilizador a adquirir o domínio de determinadas competências ou tarefas técnicas. De acordo com Lan (2007), o manual de formação é um conjunto de instruções que fornece diretrizes sobre a forma de realizar operações específicas e gerais no trabalho atribuído. Aluos (2000) afirmou que o manual de formação é particularmente útil para rever o assunto após a formação. Afirmou ainda que permite que o formando se concentre e participe na formação durante a sessão de formação, em vez de tomar notas pormenorizadas, o que também pode servir de documento de referência no local de trabalho. O manual de formação orienta o formador ou qualquer outro utilizador sobre as tarefas necessárias a realizar. A elaboração de um manual de formação é uma parte importante da conceção de um programa de formação formal. Um manual de formação assegura a coerência na apresentação do programa de formação. Outra grande vantagem é que todas as informações de formação sobre os processos de competências e outras informações necessárias para realizar as tarefas são reunidas num único local. Os manuais de formação, tal como sugerido por Lan (2007), devem apoiar os objectivos da formação e devem ser desenvolvidos de acordo com os processos de conceção instrucional.

Hass (2003) salientou que um manual de formação pode ser concebido como livros de trabalho, frequentemente utilizados em sessões de formação, que fornecem informações básicas, exemplos e exercícios, guias de ritmo próprio, concebidos para os formandos trabalharem sozinhos; manual de referência, que contém informações pormenorizadas sobre processos e procedimentos; e folhetos, que fornecem instruções passo a passo para serem utilizados no local de trabalho. Um manual de formação bem concebido, de acordo com Pivos (2004), é um manual atualizado e que pode servir como uma fonte de informação valiosa para a organização. Um manual eficaz é fácil de ler e tem instruções simples; tem um design atrativo; utiliza ilustrações para melhorar a compreensão e pode ser utilizado para referência futura. Ao conceber um manual de formação, deve ter-se em consideração o seguinte: Conteúdo - tópicos, tarefas/procedimentos e outras informações organizadas numa sequência lógica e divididas em pequenas unidades; Público - as suas capacidades de leitura, experiência profissional anterior; A forma como o manual deve ser utilizado durante a sessão de formação, posteriormente (para revisão) e/ou como referência no local de trabalho (Pivos, 2004). O manual de formação servirá de guia para os professores técnicos de auto-mecânica no ensino do sistema de auto-eletricidade/eletrónica nas escolas técnicas. Um bom manual de formação em auto-eletricidade/eletrónica deve centrar-se nos componentes básicos da auto-eletricidade, como a bateria, o sistema de carga, o sistema de arranque e o sistema de iluminação.

A bateria serve como fonte de energia para o veículo. A bateria também fornece a energia para o sistema de arranque; serve como fonte de energia para o sistema de iluminação do veículo e actua como estabilizador de tensão para o sistema elétrico (Kia Motors, 1999). Para garantir a fiabilidade e prolongar a vida útil, a bateria deve ser submetida a uma inspeção e manutenção periódicas. O nível de eletrólito (o líquido em cada célula da bateria) deve ser enchido até ao nível máximo. Os cabos e terminais da bateria devem estar em boas condições e bem fixos. A eficácia da bateria depende do sistema de carregamento.

O sistema de carga mantém a bateria carregada e fornece as necessidades eléctricas de várias unidades durante o funcionamento do motor. A manutenção periódica, como o tensionamento e a lubrificação da correia de transmissão, será normalmente tudo o que é necessário durante milhares de quilómetros. Muitos alternadores de modelos mais recentes utilizam rolamentos selados, que eliminam a necessidade de lubrificação periódica. Em muitos casos, não há peças de substituição disponíveis e toda a unidade tem de ser substituída se estiver defeituosa. Denton (2004) estipulou que o procedimento de manutenção da carga inclui a desconexão dos terminais da bateria; a remoção dos grampos do alternador, o ajuste dos parafusos de tensão, a remoção do alternador, a sua desmontagem e a retificação da avaria. O sistema de carga inclui o interrutor de ignição, o gerador e o regulador de tensão, a correia de transmissão, a bateria e a luz de aviso (Kia Motors, 1999). Um sistema de carga eficiente é vital para que a bateria forneça energia de qualidade para o sistema de arranque.

O sistema de arranque está instalado no veículo como meio de arranque do motor. É aparafusado à parte traseira inferior do motor. O sistema de arranque é constituído pela bateria, pelo motor de arranque, pelo solenoide, pelo interrutor da ignição e pelo interrutor da transmissão automática. Muitas vezes, determinar qual a peça que está em falta quando o motor não arranca é mais difícil do que substituir as peças defeituosas. O sistema de arranque é fornecido no veículo como um meio de arranque do motor. É aparafusado à parte traseira inferior do motor. Muitas queixas de mau desempenho do sistema de arranque são atribuídas a uma bateria descarregada ou defeituosa. O desempenho correto do sistema de arranque e do sistema de iluminação exige uma bateria carregada e eficiente. (Stockel, Stockel, & Johanson, 1996).

O sistema de iluminação destina-se a iluminar o veículo para que o condutor possa ver à noite ou na escuridão e também a dar informações aos outros utentes da estrada e a indicar a direção em que o veículo está a virar. O circuito do sistema de iluminação é constituído pela bateria, pelo interrutor e pela lâmpada. O farol moderno da maioria dos veículos é do tipo selado. O filamento, o refletor e a lente são fundidos numa unidade hermética. Os pinos que se encaixam num conetor de encaixe facilitam a remoção. As lâmpadas de iluminação utilizadas em todo o automóvel são do tipo de contacto simples ou duplo. Os circuitos de iluminação são de importância vital. A sua manutenção deve ser efectuada de forma adequada. Outras formas de eletricidade/eletrónica moderna nos veículos a motor incluem lâmpadas de halogéneo, faróis selados, espelhos retrovisores laterais e de assento, ventoinha eléctrica, aquecimento/ventilação, unidade de controlo eletrónico (ECU) do motor/caixa de velocidades automática (Stockel, Stockel, & Johanson, 1996). É necessário incluir todos estes sistemas eléctricos em qualquer manual de formação sobre a auto-eletricidade. Para além dos componentes básicos, um manual de formação em auto-eletricidade, de acordo com Johnson (2001), deve incluir o objetivo do manual de formação, a estratégia de ensino, os materiais de formação e o método de avaliação dos formandos.

O objetivo de qualquer processo educativo determina o conteúdo, o método e os materiais necessários para atingir esses objectivos. Um objetivo deve ser enunciado em termos mensuráveis. Alabi, (2005) afirmou que os objectivos são enunciados em termos precisos, claros e mensuráveis, de modo a atingir a meta a que se destinam. O objetivo deste manual de formação é desenvolver as competências adequadas necessárias para uma transição harmoniosa dos estudantes de auto-eletricidade/eletrónica da escola para o local de trabalho. Destina-se também a melhorar a qualidade das instruções nas escolas técnicas, bem como a orientar e melhorar os conhecimentos e as competências dos estudantes das escolas técnicas e dos técnicos de auto-eletricidade na realização de reparações em sistemas eléctricos/electrónicos de automóveis. De acordo com Mohammed (2008), para atingir o objetivo de aquisição eficaz de competências em auto-mecânica (eletricidade/eletrónica), a utilização de ferramentas de diagnóstico e de instalações e equipamentos relevantes deve ser enfatizada para aumentar os conhecimentos práticos dos estudantes. Os objectivos do manual de formação podem ser alcançados através da utilização de diferentes estratégias de ensino.

A estratégia de ensino refere-se a um plano destinado a atingir um determinado objetivo (Okwori, 2009). Omosewo (2000) também definiu a estratégia de ensino como uma forma psicológica, lógica ou sistemática de o professor transmitir conhecimentos para atingir um conjunto de objectivos no aluno. Audu & Umar (2006) observaram que as estratégias adoptadas pelos professores são factores que contribuem para a aquisição de conhecimentos e competências dos estudantes do ensino técnico superior. Os professores devem ter em conta que os métodos de ensino mais adequados dependem de certos factores, como os objectivos gerais dos cursos de estudo, os objectivos específicos de aprendizagem a atingir, a matéria a ensinar, a dimensão da turma, a capacidade intelectual dos alunos, o tempo disponível para ensinar as matérias, as capacidades do professor e os materiais de formação disponíveis (Umar, 2009).

Os materiais de formação são as ferramentas, o equipamento e outras instalações necessárias para a realização de trabalhos ou tarefas práticas nas escolas ou nas indústrias (Ma'aji, 2003). Além disso, salientou que as instalações de formação nas escolas devem ser comparáveis às utilizadas nas indústrias. Abdullahi (2003), defendeu que as instalações de formação para os programas das escolas técnicas englobam as ferramentas manuais básicas, o equipamento e as instalações estruturais, que incluem aulas e oficinas, biblioteca, entre outros. Ezeji (2004) sublinhou que o ensino profissional requer um ambiente de oficina com instalações de formação adequadas como uma situação de aprendizagem única em que o aluno pode experimentar, testar, construir, montar e desmontar, reparar, projetar, fabricar, criar, imaginar e estudar. Os resultados da aprendizagem dos alunos devem ser avaliados regularmente para medir o desempenho profissional.

A avaliação consiste em examinar ou julgar o valor ou a qualidade de algo. A avaliação é uma atividade que se realiza na vida quotidiana. Okoro (2002) definiu a avaliação no domínio da educação como o processo de emitir um juízo sobre a adequação dos resultados ou das notas obtidas por um estudante num processo de medição. Mohammed, Kolo & Ezekiel (2002) salientaram que a avaliação dos resultados da aprendizagem no ensino profissional e técnico é um esforço para atribuir um valor real à bondade, eficácia ou ineficácia das experiências de aprendizagem, das actividades de ensino e dos resultados esperados. Por conseguinte, a avaliação refere-se à apreciação das competências em eletricidade/eletrónica de automóveis com o objetivo de medir os resultados da aprendizagem e melhorar o ensino, bem como de fornecer feedback em matéria de manutenção e reparação de eletricidade/eletrónica de automóveis.

A manutenção prolonga a vida útil do equipamento em todos os aspectos dos empreendimentos tecnológicos. A manutenção pode ser descrita como uma forma de reparar ou de efetuar a manutenção de um equipamento ou de uma máquina usados, a fim de melhorar a sua capacidade de funcionamento. De acordo com Olaitan Nwachukwu, Igbo, Onyemachi & Ekong (1999), manutenção significa tomar medidas e precauções específicas e aprovadas para cuidar de um equipamento, maquinaria ou instalação e garantir que atinja a sua utilização funcional máxima específica, evitando assim a sua avaria total. O manual de formação em manutenção é um guia completo de formação autónoma ou um texto de instrução que aborda uma vasta gama de tópicos relacionados com a manutenção e as competências (Mohammed, 2008). O manual de formação em manutenção de auto-eletricidade/eletrónica fornece um sistema organizado de fornecimento de competências para ajudar os professores de tecnologia de auto-eletricidade/eletrónica a ministrar as suas aulas e também para melhorar a aquisição de competências dos alunos. Torna-se, portanto, imperativo que os estudantes e os técnicos de auto-eletricidade/eletrónica recebam um manual de formação empiricamente validado sobre manutenção de auto-eletricidade/eletrónica.

Declaração do problema

Espera-se que um técnico de automóveis bem formado realize operações em todos os componentes eléctricos de um veículo a motor, localize e rectifique falhas. No entanto, a maior parte dos estudantes de auto-eletricidade/eletrónica e dos técnicos de automóveis parece não conseguir atingir este objetivo de forma adequada. Isto deve-se ao facto de a maior parte deles, que estão empregados, não possuir as competências e conhecimentos práticos adequados e necessários para progredir na área escolhida e para efetuar reparações de auto-eletricidade/eletrónica em automóveis modernos. Na maioria dos casos, recorrem à tentativa e erro para retificar as avarias devido à falta de equipamento de diagnóstico automóvel. Esta situação deu origem a numerosas queixas sobre a competência e a qualidade dos estudantes produzidos nas escolas técnicas. A razão para isto é também o influxo de veículos modernos com sistemas sofisticados de controlo elétrico/eletrónico. Infelizmente, a maioria dos professores não possui os conhecimentos adequados para ensinar as competências necessárias ao manuseamento desses veículos modernos. Mais uma vez, muitos especialistas culpam os programas curriculares por não preverem tempo suficiente para a prática, por um lado, e, por outro lado, a insuficiência de materiais e instalações de formação por parte das autoridades escolares.

Uma das formas imediatas de reduzir estes problemas será a elaboração de um manual de formação em auto-eletricidade que forneça informações suficientes para orientar tanto os professores como os alunos no curso de manutenção de auto-eletricidade/eletrónica. A utilização de um manual de formação pode orientar e ultrapassar estes problemas durante a realização de trabalhos práticos em auto-eletricidade/eletrónica e também ajudar os estudantes de auto-eletricidade/eletrónica a aprender mais rapidamente e a adquirir as competências e conhecimentos necessários, tornando-os assim empregáveis. O crescimento explosivo da auto-eletrónica tornou mais importante a aquisição de competências práticas relevantes por parte dos estudantes das escolas técnicas e dos técnicos de auto-eletrónica. Isto deve-se ao facto de os automóveis modernos, que constituem uma parte substancial dos empregos disponíveis no mercado de trabalho, serem operados e controlados por meios electrónicos. As competências práticas necessárias para localizar, reparar e corrigir falhas nos sistemas de auto-eletricidade/eletrónica são agora mais necessárias do que nunca. Por conseguinte, o problema deste estudo é que os estudantes de auto-eletricidade/eletrónica não dispõem de um manual de formação em manutenção e reparação de sistemas de auto-eletricidade/eletrónica.

Objetivo do estudo

O objetivo geral do estudo é a elaboração de um manual de formação em manutenção de auto-eletricidade/eletrónica para alunos de escolas técnicas. Especificamente, o estudo tem como objectivos

1.	Determinar os objectivos do manual de formação em manutenção de equipamentos eléctricos/electrónicos.

2.	Determinar o conteúdo do manual de formação em auto-eletricidade/eletrónica.

3.	Determinar estratégias de ensino para o manual de formação em auto-eletricidade/eletrónica.

4.	Determinar os materiais de formação para o manual de formação em auto-eletricidade/eletrónica.

5. Determinar os critérios de avaliação do manual de formação em auto-eletricidade/eletrónica.

6. Elaborar o manual de formação para a manutenção de auto-eletricidade/eletrónica.

7. Determinar a eficácia do manual de formação em auto-eletricidade/eletrónica desenvolvido.

Importância do estudo

Os resultados do estudo serão de grande utilidade para os estudantes de escolas técnicas, para os técnicos de auto-eletrónica, para o governo, para os professores, para as indústrias automóveis, para os planeadores de currículos, para os pais, para o ensino técnico, para os administradores educativos e para a sociedade em geral. O manual de formação em auto-eletricidade/eletrónica será útil para os estudantes de tecnologia de auto-eletricidade/eletrónica, bem como para os auto-electricistas em exercício. O manual de formação em auto-eletricidade/eletrónica desenvolvido contribuirá muito para fornecer informações aos estudantes de tecnologia de auto-eletricidade/eletrónica e a outros utilizadores na deteção de avarias na eletricidade/eletrónica de automóveis. O problema da falta de tempo para a prática na escola será resolvido com a disponibilidade do manual, uma vez que o aluno poderá trabalhar com o manual no seu tempo livre. O manual de formação dá aos alunos a oportunidade de aprenderem ao seu próprio ritmo e tempo. Serão disponibilizadas cópias do manual de formação às escolas. Os licenciados em auto-eletricidade/eletrónica que deixaram a escola sem competências adequadas podem também utilizar o manual de formação e aprender o que não foi bem compreendido na escola. O manual também ajudará os técnicos de auto-eletricidade a ganhar mais confiança na sua prática na empresa de auto-eletricidade/eletrónica.

Este estudo fornecerá informações ou ideias ao governo sobre materiais para formação e reconversão, estratégias de ensino necessárias para professores técnicos e técnicos de auto-eletricidade em empresas ou indústrias automóveis. A formação e o desenvolvimento do pessoal, tais como seminários, workshops e formação em serviço para professores de auto-eletricidade e técnicos de auto-eletricidade, podem ser organizados pelo governo utilizando o manual de formação desenvolvido para aumentar a sua capacidade, melhorando assim a qualidade do ensino da auto-eletricidade/eletrónica.

O manual equipará os professores e actualizará os seus conhecimentos e competências, com vista a torná-los mais eficientes no cumprimento da sua missão principal. O manual também ajudará os professores de escolas técnicas no seu ensino, recorrendo ao manual para obter orientação no decurso do seu ensino e também para atualizar os seus conhecimentos utilizando o manual no seu ensino. O manual também pode ajudar os professores de auto-eletricidade a atingir o seu objetivo num tempo mínimo.

O estudo permitirá que as indústrias automóveis tenham empregados competentes como artesãos se forem contratados na sua organização ou indústria, uma vez que a utilização do manual de formação em auto-eletricidade/eletrónica fornecerá as competências e conhecimentos básicos necessários aos artesãos. Para além do facto de o manual de formação ajudar os licenciados em auto-eletricidade/eletrónica a adquirirem as competências adequadas para o emprego, o manual também pode ser utilizado para a reciclagem interna do pessoal já empregado.

Os resultados deste estudo serão benéficos para os planeadores de currículos em termos de desenvolvimento de políticas e implementação do currículo de tecnologia automóvel. O estudo ajudará os planeadores de currículos a utilizar as ideias do manual de formação desenvolvido no planeamento do currículo de tecnologia automóvel. O objetivo da escola em termos de fornecer mão de obra que possa contribuir para a produção nas indústrias será alcançado através da utilização do manual de formação. Finalmente, os resultados deste estudo fornecerão provas empíricas que poderão servir de apoio a profissionais, professores técnicos, administradores e planeadores de currículos nos seus esforços para ajudar a melhorar a competência dos artesãos de auto-eléctrica em empresas ou indústrias automóveis.

Os pais também beneficiarão dos resultados do estudo, uma vez que encontrarão justificação para as despesas financeiras em que incorreram com o pagamento das propinas escolares dos seus filhos. Isto será possível se os alunos adquirirem competências graças à utilização de um manual de formação mais eficaz, o que deixará os pais mais satisfeitos e encorajados a apoiar a formação e a reciclagem dos seus filhos.

O ensino técnico beneficiará com os resultados deste estudo, uma vez que se espera que melhore o ensino e a aprendizagem das matérias. Este objetivo será alcançado se os professores e os alunos utilizarem o manual de formação para complementar o ensino e a aprendizagem do ensino técnico. Isto garantirá a formação de artesãos qualificados, tornando-os assim empreendedores e auto-suficientes. Além disso, a imagem do ensino técnico será reforçada porque serão formados artesãos mais competentes.

A sociedade em geral também beneficiará com o estudo se o manual fornecer aos indivíduos as informações e os conhecimentos necessários sobre a manutenção da auto-eletricidade/eletrónica, o que contribuirá em muito para a resolução de algumas avarias auto-eléctricas encontradas por indivíduos e automobilistas, prevenindo assim acidentes, danos e riscos de incêndio ou mesmo de morte. Além disso, reduz a taxa de danos durante a reparação, o que, por sua vez, reduzirá as despesas financeiras incorridas pelos clientes durante as avarias e melhorará a economia social. O conhecimento fornecido aos indivíduos também ajudará a reduzir os males sociais, uma vez que os licenciados que receberem formação com o manual de formação em auto-eletricidade/eletrónica ficarão equipados com competências e conhecimentos que lhes permitirão estar sempre totalmente empenhados, de tal forma que não terão tempo para estar ociosos e muito menos para se envolverem em qualquer forma de males sociais. Isto irá, de facto, reduzir o problema da insegurança no país.

Questões de investigação

As seguintes questões de investigação foram formuladas para orientar o estudo.

1. Quais são os objectivos do manual de formação em auto-eletricidade/eletrónica?

2. Qual é o conteúdo do manual de formação em auto-eletricidade/eletrónica?

3. Que estratégias pedagógicas são necessárias para o manual de formação em auto-eletricidade/eletrónica?

4. Que materiais de formação são necessários para o manual de formação em auto-eletricidade/eletrónica?

5. Que critérios de avaliação são exigidos para o manual de formação em auto-eletricidade/eletrónica?

6. Qual a eficácia do manual de formação desenvolvido para a auto-eletricidade/eletrónica?

Hipótese

A hipótese nula formulada foi testada com um nível de significância de 0,05:

Ho. Não há diferença significativa entre o desempenho médio dos alunos ensinados com o manual desenvolvido e os ensinados sem o manual.

Âmbito do estudo

O estudo foi delimitado ao desenvolvimento de um manual de formação em manutenção de auto-eletricidade/eletrónica para estudantes de escolas técnicas. O estudo foi delimitado às competências práticas relacionadas com a manutenção e reparação de auto-eletricidade/eletrónica no trabalho de mecânica automóvel para o ano III, tal como consta do currículo do Certificado Técnico Nacional (NTC) e da especificação de módulos do NBTE. Este estudo centrar-se-á no conteúdo das competências práticas de auto-eletricidade/eletrónica, no qual se espera que os alunos sejam treinados para realizar diferentes tarefas práticas de manutenção e reparação de auto-eletricidade/eletrónica. O estudo é ainda delimitado ao objetivo do manual de formação, ao conteúdo do manual (bateria, carregamento, arranque e sistema de iluminação), às estratégias de ensino e materiais de formação e aos critérios de avaliação da auto-eletricidade/eletrónica.

O aspeto prático da auto-eletricidade/eletrónica foi abordado neste estudo, enquanto o aspeto teórico foi deixado de fora porque o manual de formação de manutenção de auto-eletricidade/eletrónica é mais adequado para o trabalho prático.

2. METODOLOGIA

Este capítulo trata da descrição dos procedimentos utilizados na realização deste estudo. Inclui os seguintes subtítulos: conceção do estudo, área do estudo, população do estudo, amostra e técnicas de amostragem, instrumento de recolha de dados, validação do instrumento, fiabilidade do instrumento, método de recolha de dados e método de análise de dados.

Conceção do estudo

Este estudo adoptou a conceção de Investigação e Desenvolvimento (I&D). Gall, Gall & Borg (2007) descreveram a Investigação e Desenvolvimento como uma abordagem de desenvolvimento baseada na indústria que envolve a utilização dos resultados da investigação para conceber e desenvolver novos programas e materiais que ajudem a melhorar os conhecimentos e as competências. A investigação e desenvolvimento (I&D) foi escolhida para este estudo porque envolve uma colaboração contínua entre investigadores e profissionais e também porque constitui uma forma mais eficaz de preencher a lacuna entre a teoria e a prática.

A conceção de I&D é adequada para este estudo, porque se destina a desenvolver um novo produto, que é um manual de formação em manutenção de auto-eletricidade/eletrónica, que irá melhorar os conhecimentos e as competências dos estudantes de escolas técnicas.

O estudo de investigação e desenvolvimento envolve normalmente uma série de etapas, designadas por ciclo de I&D, que incluem (a) definição de objectivos, que muitas vezes inclui uma avaliação das necessidades; (b) revisão da literatura pertinente para o produto a desenvolver; (c) declaração de objectivos e critérios específicos para o desenvolvimento do produto; (d) desenvolvimento de um protótipo com base em provas científicas disponíveis ou em resultados de investigação pertinentes; (e) teste de campo do protótipo no local onde será eventualmente utilizado; (f) revisão do protótipo para corrigir deficiências encontradas na fase de teste de campo e; (g) realização de um teste de campo principal do produto revisto (Gall, Gall & Borg 2007). Gall, Gall & Borg (2007) sugerem que é melhor para os estudantes que planeiam realizar um projeto de I&D para tese ou dissertação empreender um projeto de pequena escala que envolva uma quantidade limitada das etapas originais, porque serão necessários muitos recursos e tempo para percorrer todo o ciclo. Neste estudo, os sete passos de Gall et al (2007) foram articulados em três fases, como se segue:

Fase I: Avaliação das necessidades

Fase II: Elaboração do manual

Fase III: Validação do manual

Fase I - Avaliação das necessidades

A literatura sobre o programa de estudos do National Technical Certificate (NTC) em auto-eletricidade/eletrónica foi revista e os dados recolhidos serão analisados para determinar as tarefas e as etapas envolvidas no manual de manutenção de auto-eletricidade/eletrónica.

Fase II - Elaboração do Manual

O manual foi desenvolvido com base no resultado da análise das necessidades do programa do CNT de eletricidade/eletrónica. O manual desenvolvido conterá o seu objetivo, o conteúdo de auto-eletricidade/eletrónica, as estratégias de ensino, os materiais de formação e os critérios de avaliação. O manual foi validado por peritos. As sugestões e os comentários dos peritos foram efectuados.

Fase III - Validação do Manual

O manual desenvolvido foi testado em alguns estudantes selecionados de auto-eletricidade/eletrónica para verificar a sua eficácia.

Área do estudo

O estudo foi efectuado nos Estados do Noroeste da Nigéria. Especificamente, o estudo abrangeu todos os estados desta zona, incluindo os seguintes estados: Jigawa, Kano, Kaduna, Katsina, Kebbi, Sokoto e Zamfara, respetivamente. Além disso, foram abrangidas todas as escolas técnicas acreditadas pelo National Board for Technical Education (NBTE) que oferecem trabalhos de auto-mecânica (auto-eletricidade/eletrónica) ao nível dos NTC nestes Estados. Esta zona foi escolhida devido à presença de indústrias automóveis, a um grande número de electricistas de automóveis e a um grande número de escolas técnicas que oferecem cursos de eletricidade/auto-eletrónica.

População do estudo

A população deste estudo é de 348 pessoas, incluindo todos os 75 professores de mecânica automóvel

das escolas técnicas dos Estados do Noroeste da Nigéria, 237 estudantes NTC III (2012/2013) das 17

escolas técnicas que oferecem cursos de mecânica automóvel (eletricidade/eletrónica) nos Estados do

Noroeste da Nigéria e 36 supervisores de automóveis dos Estados do Noroeste.

Amostra e técnica de amostragem

Foi estudada toda a população, tendo sido adoptada uma amostragem intencional para selecionar os

alunos para o estudo, devido à disponibilidade de instalações nestas escolas. Os alunos do

Government Technical College, Malali, Kaduna e do NTC III de Kano foram utilizados para

determinar o efeito do manual de auto-eletricidade/eletrónica desenvolvido. O Government

Technical College de Malali, Kaduna, serviu de grupo de controlo, enquanto o Government

Technical College de Kano serviu de grupo experimental, respetivamente.

Instrumento de recolha de dados

Os instrumentos utilizados para a recolha de dados neste estudo foram desenvolvidos pelo

investigador, a saber: Questionário do Manual de Formação em Auto-Eletricidade/Eletrónica

(ATMQ), Teste Psicomotor em Auto-Eletricidade/Eletrónica (APT) e Escala de Avaliação em

Auto-Eletricidade/Eletrónica (ARS). O Questionário do Manual de Formação em

Auto-Eletricidade/eletrónica (ATMQ) era um questionário estruturado que continha 273 itens

divididos em seis secções, de A a F, respetivamente. Os itens do questionário foram gerados através

da literatura relevante revista sobre auto-eletricidade/eletrónica e o programa de estudos NTC. A

secção A solicita informações sobre dados pessoais, tais como a instituição e a profissão dos

inquiridos. A secção B é composta por 11 itens destinados a obter informações sobre os objectivos do

manual de eletricidade/eletrónica de automóveis adequado a estudantes de escolas técnicas e a

electricistas de automóveis. A secção C está subdividida em quatro secções, compostas por 173 itens

destinados a solicitar informações sobre o conteúdo do manual de manutenção de eletricidade/eletrónica de automóveis. A secção D é composta por 28 itens destinados a solicitar informações sobre as estratégias de ensino adequadas ao manual de manutenção de auto-eletricidade/eletrónica. A secção E é composta por 44 itens destinados a solicitar informações sobre os materiais de formação adequados para o manual de auto-eletricidade/eletrónica. E a secção F é constituída por 17 itens destinados a solicitar informações sobre os critérios de avaliação adequados ao manual de auto-eletricidade/eletrónica. Os itens do questionário nas secções B e C baseavam-se em escalas de Likert de cinco pontos: concordo fortemente (SA) 5, concordo (A) 4, indeciso (U) 3, discordo (D) 2 e discordo fortemente (SD) 1. Enquanto as secções D, E e F se baseavam numa escala de quatro pontos: muito necessário (HR) 4, necessário (R) 3, moderadamente necessário (MR) 2 e não necessário (NR) 1. Para obter as respostas dos alunos sobre a eficácia do manual de formação, foi também utilizada uma questão prática sobre auto-eletricidade/eletrónica, designada por Teste Psicomotor de Auto-Eletricidade/eletrónica (APT), com quatro itens relativos à bateria, ao carregamento, ao arranque e aos sistemas de iluminação, e uma Escala de Avaliação de Auto-Eletricidade/eletrónica (ARS), com vinte e oito itens. O APT é um teste normalizado. A ARS foi utilizada pelos avaliadores para pontuar o APT. A ARS está dividida em 9 áreas de pontuação do teste prático. Tem uma escala de excelente (EX) 4, muito bom (VG) 3, bom (G) 2 e razoável (F) 1.

Validação do instrumento

O instrumento ATMQ foi validado por face para verificar a adequação dos itens. Cinco peritos em automecânica participaram no exercício. Dois professores da Universidade, um do Departamento de Formação Profissional de Professores, da Universidade da Nigéria, Nsukka e da Universidade Federal de Tecnologia, Minna. Dois (2) professores de auto-mecânica de escolas técnicas e um supervisor automóvel de uma indústria automóvel validaram o instrumento. O instrumento denominado APT e ARS foi também validado pelos mesmos peritos no domínio da automecânica. Os peritos foram solicitados a identificar e corrigir quaisquer palavras ou termos ambíguos e itens inadequados e a fazer comentários gerais ou sugestões para melhorar o instrumento. As sugestões e os comentários dos peritos foram utilizados para modificar os instrumentos. Algumas das correcções dos validadores incluem erros ortográficos, erros de pontuação, correção de frases, entre outros. Os comentários dos validadores e as cópias do instrumento encontram-se em anexo.

Fiabilidade do instrumento

A fim de estabelecer a fiabilidade do instrumento (ATMQ), foram realizados testes experimentais do instrumento no Estado do Níger (diferente da área de estudo), utilizando 17 professores de automecânica do Government Technical College Minna e 8 supervisores de automóveis da Autoridade de Transportes do Estado do Níger e da Peugeot Automobile of Nigeria, Kaura Danali Motors, Minna. O exercício de teste experimental envolveu a administração do instrumento validado ATMQ no sujeito amostrado fora da área de estudo. Os dados do teste experimental foram analisados utilizando o método Alfa de Cronbach para determinar a consistência interna do instrumento. As secções B, C, D, E e F produziram um coeficiente de fiabilidade de 0,72, 0,81, 0,76, 0,78 e 0,73, respetivamente. A fiabilidade entre avaliadores foi utilizada para determinar a fiabilidade do APT através de testes experimentais com 12 estudantes do Government Technical College Eyagi, em Bida, que estudam eletricidade/eletrónica no nível NTC III. Cinco avaliadores utilizaram a EAR para avaliar os estudantes, a fim de estabelecer a fiabilidade da escala. A fiabilidade interavaliadores foi calculada utilizando o coeficiente de concordância de Kendall. Obteve-se um coeficiente de 0,75w.

Método de recolha de dados

O investigador entregou pessoalmente cópias dos questionários aos inquiridos (professores de auto-mecânica e supervisores de automóveis) com a ajuda de sete assistentes de investigação (ARs). Os assistentes de investigação foram informados pelo investigador sobre a forma de administrar o instrumento, de modo a garantir um manuseamento e devolução seguros do instrumento. Consequentemente, foram devolvidos 105 dos 111 questionários, o que equivale a uma taxa de sucesso de 94%. Os dados obtidos com o instrumento ATMQ foram analisados com recurso ao SPSS-19. O resultado obtido foi utilizado para desenvolver o manual de formação em eletricidade/eletrónica. Foi aplicado um pré-teste utilizando o APT aos grupos experimental

Escala de 5 pontos		Escala de 4 pontos	
Concordo totalmente	4.50-5.00	Altamente necessário	3.50 -4.00
De acordo	3.50 -4.49	Necessário	2.50 -3.49
Indecisos	2.50 -3.49	Moderadamente necessário	1.50 -2.49
Não concordo	1.50 -2.49	Não é necessário	0.50 -1.49
Discordo totalmente	0.50 -1.49		

(Government Technical College Kano) e de controlo (Government Technical College Malali, Kaduna), tendo os resultados sido registados. Após o tratamento, ou seja, a utilização do projeto de manual no ensino, os mesmos alunos foram testados através do teste psicomotor de auto-eletricidade. Os alunos foram classificados por cinco avaliadores utilizando a escala de classificação de auto-eletricidade/eletrónica.

Método de análise de dados

As questões de investigação foram analisadas utilizando a média e o desvio-padrão. As questões de investigação 1, 2, 3, 4 e 5 foram analisadas utilizando a média e o desvio-padrão. As decisões relativas às questões de investigação basearam-se no limite real dos números. Foi utilizado o SPSS-19 para a análise.

A hipótese formulada para orientar o estudo foi testada a um nível de significância de 0,05 utilizando a ANCOVA. Quando o nível de significância é inferior a 0,05, considera-se que existe uma diferença significativa; caso contrário, considera-se que não é significativa.

3. APRESENTAÇÃO E ANÁLISE DOS DADOS

Este capítulo apresenta os resultados da análise dos dados do estudo. A apresentação foi organizada de acordo com as questões de investigação e as hipóteses nulas que orientaram o estudo.

Questão de investigação 1

Quais são os objectivos do manual de formação em auto-eletricidade/eletrónica?

Os dados recolhidos para dar resposta à questão de investigação 1 são apresentados no Quadro 1.

Quadro 1

Média e desvio-padrão dos inquiridos sobre os objectivos da autorregulação

Manual de Formação em Eletricidade/Eletrónica N = 105

	Objectives	Mean	SD	Remarks
1	Provide a step by step outline of the procedures for troubleshooting problems in an automobile electrical system	4.16	1.12	Agree
2	Provide auto students and auto technician with the skills and knowledge required to diagnose and repair vehicle with electrical system malfunction	4.36	1.16	Agree
3	Develop adequate skills necessary for smooth transition from school to workplace	4.77	0.52	Strongly Agree
4	Enhance teacher's skills in teaching auto-electricity/electronics	4.59	0.94	Strongly Agree
5	Provide employability skills to auto-electricity/electronics students	4.74	0.56	Strongly Agree
6	Enhance the use of diagnostic tools/facilities/equipment	4.90	0.38	Strongly Agree
7	Accurately troubleshoot the problem, and avoid misdiagnose	1.53	0.68	Disagree
8	Supplement job experience of students from the industry	4.31	1.03	Agree
9	Improve students' interest in auto-electricity/electronics	4.83	0.38	Strongly Agree
10	Enhance opportunity to progress in their educational pursuit	1.55	0.66	Disagree
11	Guide the students in acquiring auto-electricity/electronics technology skills	4.84	0.44	Strongly Agree

A Tabela 1 revelou que, dos objectivos da manutenção de auto-eletricidade/eletrónica, os inquiridos concordam fortemente com 6 dos 11 itens. As suas respostas médias situam-se entre 4,50 e 5,00. Os itens 1, 2 e 8, com respostas médias de 4,16, 4,36 e 4,31, respetivamente, foram considerados concordantes pelos inquiridos. No entanto, discordam dos itens 7 e 10 devido às baixas médias de respostas de 1,53 e 1,55, respetivamente. O desvio-padrão (DP) dos itens variou entre 0,38 e 1,16, o que significa que os inquiridos estavam muito próximos na sua classificação.

Questão de investigação 2

Qual é o conteúdo do manual de formação em auto-eletricidade/eletrónica?

Os dados recolhidos para dar resposta à questão de investigação 2 são apresentados nos quadros 2, 3, 4 e 5.

Quadro 2

Média e desvio-padrão dos inquiridos sobre os itens relativos à manutenção da bateria N = 105

	Battery	Mean	SD	Remarks
12.	Switch off or turned off the vehicle ignition	4.83	0.38	Strongly Agree
13.	Open the vehicle bonnet	4.84	0.37	Strongly Agree
14.	Select the right (tools) spanners. Wait for two to three minutes before loosing	4.90	0.31	Strongly Agree
15.	Loose the battery cables starting with ne140gative cable first	4.32	1.09	Agree
16.	Move the terminal from side to side and gently pull them up	4.81	0.42	Strongly Agree
17.	Clean the battery terminals with a wire brush and corrosion removal fluid	4.79	0.53	Strongly Agree
18.	Gently scrub the terminals to achieve a shine and remove dried acid build-up	4.89	0.32	Strongly Agree
19.	Rinse the cleaning fluid with water and dry with a rag	4.86	0.45	Strongly Agree
20.	Apply grease to protect the battery terminals from rust and corrosion	4.72	0.53	Strongly Agree
21.	Reinstall the battery terminals starting the with positive (+) one first by tightening them into place with a rubber mallet	4.83	0.45	Strongly Agree
22.	Turn off the vehicle ignition	4.67	0.53	Strongly Agree
23.	Put on protective wear (cloth)	4.28	1.02	Agree
24.	Open the hood (bonnet)	4.22	1.06	Agree
25.	Remove the vent caps if the battery is not a sealed type	4.36	0.99	Agree
26.	Check the electrolyte levels in each cell using hydrometer	4.57	0.82	Strongly Agree
27.	Fill the hydrometer and drain twice for each cell before taking a reading	4.05	1.32	Agree
28.	Drain the electrolyte back into its own cell	4.43	1.12	Agree
29.	Record the number for each cell	1.66	1.00	Disagree
30.	Test all cells and then replace the vent covers	4.10	1.18	Agree
31.	Specific gravity reading (hydrometer) for each cell should be between 1.235 and 1.277	4.27	0.97	Agree
32.	If cell reading is below 1.277 or more (between the highest and lowest cell), then charge the battery or replace	4.26	1.19	Agree
33.	Get the correct battery of the vehicle	4.10	1.45	Agree
34.	Turn the ignition off	4.18	1.16	Agree
35.	Open the hood (bonnet)	4.24	1.18	Agree
36.	Gather all the necessary tools	4.44	1.11	Agree
37.	Disconnect the negative (-) cable first	4.63	0.99	Strongly Agree
38.	Then disconnect the positive (+) cable	4.32	1.10	Agree
39.	Remove the battery hold-down or clamping device	4.48	0.87	Agree
40.	Lift the battery out of its compartment (seat)	3.95	1.34	Agree
41.	Keep the battery upright on the floor	4.41	1.02	Agree
42.	Clean thoroughly the battery compartment using the wire brush and baking soda	4.62	0.81	Strongly Agree
43.	Put the new battery in its compartment (seat)	4.59	0.87	Strongly Agree
44.	Apply grease to the terminals	4.35	1.02	Agree
45.	Replace the connections, starting with the positive (+) terminal	4.23	1.05	Agree
46.	Open the hood (bonnet)	4.44	1.03	Agree
47.	Turn on your voltmeter	4.59	0.90	Strongly Agree
48.	Select DC voltage	4.39	1.10	Agree
49.	Place the voltmeter's red lead on the battery's positive (+) terminal	4.43	1.12	Agree
50.	Place the black lead on the battery's negative (-) terminal	4.79	0.51	Strongly Agree
51.	Read the screen or indicator (if meter is not digital)	4.76	0.55	Strongly Agree
52.	If meter reading is less than 12.5 or 6.35 volts, charge battery or replaced	4.39	1.03	Agree
53.	Locate the vehicle interface connection port (outlet)	4.60	0.78	Strongly Agree
54.	Connect the interface to the computer USB port and vehicle connection port	4.11	1.24	Agree
55.	Turn the vehicle ignition on	4.29	1.13	Agree
56.	The computer will display a home page, then select the type of vehicle	4.10	1.48	Agree
57.	Enter the vehicle information number (VIN), locate by the front windscreen or front door hinge	4.46	0.88	Agree
58.	Vehicle information will be display on the computer	4.32	0.98	Agree
59.	Navigate using computer keyboard and locate fault reading	4.72	0.61	Strongly Agree
60.	Fault codes will be displayed as shown, reading permanent fault. Repairs are to be carried out at this point	4.50	1.01	Strongly Agree
61.	After repairs, the fault codes will displayed as shown, reading intermittent fault	4.72	0.56	Strongly Agree
62.	Navigate to select clear fault codes	4.81	0.50	Strongly Agree
63.	Carrying out clearing fault will be displayed	4.54	0.83	Strongly Agree
64.	No fault found will be displayed after clearing of fault	4.44	0.96	Agree

A Tabela 2 revelou que, dos 53 itens sobre a manutenção da bateria, 23 itens foram considerados como estando fortemente de acordo, com uma média de respostas entre 4,50 e 5,00, enquanto 29 itens com uma média de respostas entre 3,50 e 4,49 foram considerados como estando de acordo. No entanto, o item 18 foi considerado discordante devido à baixa média de respostas dos inquiridos, 1,66. O desvio-padrão (DP) dos itens variou entre 0,31 e 1,48, indicando que os inquiridos estavam próximos na sua classificação.

Quadro 3

Média e desvio-padrão dos inquiridos sobre os itens relativos ao carregamento (alternador) N = 105

	Charging (Alternator)	Mean	SD	Remarks
65.	Disconnect the battery terminals	4.54	0.83	Strongly Agree
66.	Disconnect the alternator terminals	4.22	1.24	Agree
67.	Loosen the alternator clips	4.12	1.28	Agree
68.	Loosen the alternator tension adjustment bolts	4.16	1.21	Agree
69.	Remove the belt by pressing the alternator inward	4.88	0.53	Strongly Agree
70.	Loosen the mounting and remove the alternator assembly	4.88	0.53	Strongly Agree
71.	After removing the mounting nuts, remove the alternator cover using a screwdriver	4.80	0.71	Strongly Agree
72.	Loosen the three mounting screws and disconnect the brush holder assembly	4.76	0.73	Strongly Agree
73.	Remove the slip ring guide	4.94	0.23	Strongly Agree
74.	Remove the nut, pulley and spacer	4.90	0.39	Strongly Agree
75.	Loosen 4 through bolts	4.98	0.14	Strongly Agree
76.	Separate the rotor, stator and cover	4.78	0.68	Strongly Agree
77.	Installation is in reverse order of removal	4.90	0.39	Strongly Agree
78.	Inspect the rotor coil for continuity and check for continuity between slip rings. If resistance is too low, circuit is short and if resistance is too high, circuit is opened. So replace the rotor assembly in both cases.	4.76	0.70	Strongly Agree
79.	Inspect the rotor coil ground and check for continuity between the slip ring and the core	4.82	0.62	Strongly Agree
80.	Inspect the rotor and coil ground and check for continuity between slip ring and core. If there is continuity, replace the rotor assembly	4.70	0.76	Strongly Agree
81.	Inspect the stator coil for continuity and check for continuity between coil leads. If there is no continuity, replace the stator assembly	4.85	0.50	Strongly Agree
82.	Inspect the coil ground and check for continuity between the coil and the core. If there is continuity, replace the stator assembly	4.77	0.65	Strongly Agree
83.	Inspecting continuity between (+) rectifier and stator coil lead terminal using ohmmeter, there must be only one direction continuity. If there is both direction continuity, replace the rectifier assembly owing to short circuit diode	4.75	0.69	Strongly Agree
84.	Inspecting continuity between (-) rectifier and stator coil lead terminal using ohmmeter, there must be only one direction continuity. If there is both direction continuity, replace the rectifier assembly owing to short circuit of diode	4.75	0.57	Strongly Agree
85.	Pry off the soldered leads	4.82	0.41	Strongly Agree
86.	Unscrew the three mounting screws	4.81	0.39	Strongly Agree
87.	Remove the screw that holds one of the brush leads	4.84	0.37	Strongly Agree
88.	Take out the old rectifier	4.80	0.40	Strongly Agree
89.	Install the new rectifier with the three mounting screws	4.77	0.42	Strongly Agree
90.	Solder the three heavy leads earlier pried off back into place	4.81	0.39	Strongly Agree
91.	Attach the holding screw	4.89	0.32	Strongly Agree
92.	Undo the screws holding each brush assembly in place	4.92	0.27	Strongly Agree
93.	Remove the brushes by simply pulling them out of their channel	4.90	0.29	Strongly Agree
94.	Clean the contact area on the armature shaft where the brushes make contact	4.97	0.17	Strongly Agree
95.	Install the new brushes, making sure the spring for each is exactly on the back of each brush and pushes directly into the brush slot	4.93	0.35	Strongly Agree
96.	Remove the screw that holds the brush in place	4.92	0.36	Strongly Agree
97.	Remove the screw that holds the lead to the grounding screw in place	4.90	0.29	Strongly Agree
98.	Pull out the brush	4.94	0.23	Strongly Agree
99.	Fit back a new brush and reinstall the screws in the reverse order of the removal	4.94	0.23	Strongly Agree
100.	Connect the interface to the computer USB port and diagnostics socket outlet under the vehicle dashboard	4.89	0.32	Strongly Agree
101.	Locate the vehicle interface connection port (outlet)	4.90	0.31	Strongly Agree
102.	Connect the interface to the computer USB port and vehicle connection port	4.81	0.39	Strongly Agree
103.	Turn the vehicle ignition on	4.86	0.35	Strongly Agree
104.	The computer will display a home page, then select the type of vehicle	4.81	0.42	Strongly Agree
105.	Enter the vehicle information number (VIN), locate by the front windscreen or front door hinge	4.85	0.36	Strongly Agree
106.	Vehicle information will be display on the computer	4.70	0.54	Strongly Agree
107.	Navigate using computer keyboard and locate fault reading	4.81	0.42	Strongly Agree
108.	Fault codes will be displayed as shown, reading permanent fault. Repairs are to be carried out at this point	4.78	0.48	Strongly Agree
109.	After repairs, the fault codes will displayed as shown, reading intermittent fault	4.88	0.33	Strongly Agree
110.	Navigate to select clear fault codes	4.78	0.52	Strongly Agree
111.	Carrying out clearing fault will be displayed	4.89	0.32	Strongly Agree
112.	No fault found will be displayed after clearing of fault	4.88	0.33	Strongly Agree

A Tabela 3 indica que, dos 48 itens sobre a manutenção dos encargos, 45 itens foram considerados como concordando fortemente, cujas respostas médias se situavam entre 4,50 e 5,00, enquanto os itens 55, 56 e 57, cujas respostas médias são 4,23, 4,12 e 4,16, respetivamente, foram considerados como concordando. O desvio padrão (DP) dos itens variou entre 0,17 e 1,28, indicando que os inquiridos estavam próximos na sua classificação.

Quadro 4

Média e desvio-padrão dos inquiridos sobre os itens para iniciar a manutenção N = 105

	Starting	Mean	SD	Remarks
113.	Disconnect the battery ground cable	4.94	0.23	Strongly Agree
114.	Disconnect the starter motor cables from its terminals	4.95	0.21	Strongly Agree
115.	Remove the starter motor assembly	5.00	0.00	Strongly Agree
116	Installation is in reversal order of the removal	4.97	0.29	Strongly Agree
117.	Disconnect the starter cable from its terminal	4.98	0.20	Strongly Agree
118.	Connect a 12V battery between	4.99	0.10	Strongly Agree
119.	If the switch is turned ON, the pinion is moving. CAUTION: This test should be done as soon as possible not to damage the coil (in 10 seconds)	4.99	0.10	Strongly Agree
120.	Check the space between pinion and stopper ring using a feeler gauge. If it is out of standard, adjust clearance by adding or removing the washer between the magnetic switch and the bracket	5.00	0.00	Strongly Agree
121.	Remove the stop ring by moving it to the pinion side	5.00	0.00	Strongly Agree
122.	Then remove the stop ring from the shaft	5.00	0.00	Strongly Agree
123.	Check for continuity between the commutator and the armature coil using a circuit tester; if there is continuity, replace the rotor assembly	4.99	0.10	Strongly Agree
124.	Inspect the armature coil in the growler and if there is short circuit, replace the coil	4.99	0.10	Strongly Agree
125.	Rotate the armature in the growler, if the blade attached in the core vibrates, the armature is short-circuited	5.00	0.00	Strongly Agree
126.	Check for continuity between the commutator segments using a circuit tester. If there is no continuity, replace the armature assembly owing to open circuit of commutator segment	4.96	0.31	Strongly Agree
127.	Check for continuity of the field using a circuit tester. If there is no continuity, replace the field assembly owing to open circuit of the field coil	4.98	0.14	Strongly Agree
128.	With the yoke coil installed, inspect for continuity between the field coil and the yoke, if there is continuity, replace the field coil	4.83	0.61	Strongly Agree
129.	Loose the brush holding screws from the plate	4.90	0.31	Strongly Agree
130.	Unsolder and remove the worn brush	4.78	0.59	Strongly Agree
131.	Clean the brush seating	4.86	0.35	Strongly Agree
132.	Clean the pigtail with sand paper	4.67	0.72	Strongly Agree
133.	Solder the pigtail and the new brush	4.84	0.37	Strongly Agree
134.	Return the brush to its seating	4.83	0.40	Strongly Agree
135.	Tighten the screws	4.89	0.35	Strongly Agree
136.	Use hammer to tap the bushing and remove it	4.81	0.50	Strongly Agree
137.	Press-fit a new bushing	4.89	0.47	Strongly Agree
138..	Remove battery positive and negative ground cables.	4.85	0.53	Strongly Agree
139.	Unscrew the starter nuts from the clamp	4.85	0.53	Strongly Agree
140.	Remove the field coil strap from the solenoid terminal	4.83	0.56	Strongly Agree
141.	Remove the attaching screws and bolts	4.85	0.53	Strongly Agree
142.	Remove the solenoid housing	4.90	0.43	Strongly Agree
143.	Install the new solenoid in the reverse order of removal	4.90	0.43	Strongly Agree
144.	Reconnect the cable and wiring after installation of the starter	5.00	0.00	Strongly Agree
145.	Reconnect the ground cable to the battery	5.00	0.00	Strongly Agree
146.	Locate the vehicle interface connection port (outlet)	5.00	0.00	Strongly Agree
147.	Connect the interface to the computer USB port and vehicle connection port	5.00	0.00	Strongly Agree
148.	Turn the vehicle ignition on	5.00	0.00	Strongly Agree
149.	The computer will display a home page, then select the type of vehicle	5.00	0.00	Strongly Agree
150.	Enter the vehicle information number (VIN), locate by the front windscreen or front door hinge	4.98	0.14	Strongly Agree
151.	Vehicle information will be display on the computer	4.96	0.19	Strongly Agree
152.	Navigate using computer keyboard and locate fault reading	4.90	0.31	Strongly Agree
153.	Fault codes will be displayed as shown, reading permanent fault. Repairs are to be carried out at this point	4.86	0.35	Strongly Agree
154.	After repairs, the fault codes will displayed as shown, reading intermittent fault	4.82	0.39	Strongly Agree
155.	Navigate to select clear fault codes	4.75	0.55	Strongly Agree
156.	Carrying out clearing fault will be displayed	4.70	0.57	Strongly Agree
157.	No fault found will be displayed after clearing of fault	4.53	0.88	Strongly Agree

Os dados apresentados na Tabela 4 mostram que, todos os 45 itens sobre o início da manutenção tiveram as suas respostas médias acima de 3,50 - 5,00 numa escala de 5 pontos foram considerados fortemente de acordo. Isto implica que os inquiridos concordam fortemente com os itens, considerando-os adequados para serem incluídos na manutenção inicial. O desvio padrão (DP) dos itens variou entre 0,00 e 0,88, o que significa que os inquiridos estavam muito próximos na sua classificação.

Quadro 5

Média e desvio-padrão dos inquiridos sobre os itens relativos à manutenção da iluminação N = 105

	Lighting	Mean	SD	Remarks
158.	Open the vehicle hood (bonnet)	4.54	0.88	Strongly Agree
159.	Look for the bulb holder at the back of the headlight	4.50	0.97	Agree
160.	Remove the wire from the bulb holder	4.49	0.97	Agree
161.	If the holder has a plastic catch, simply press the lever on the top of the plug and pull firmly on the plug. If the holder has a metal clip, just pull up away from the holder. If the holder has a screw cap, simply unscrew it	4.37	1.13	Agree
162.	Remove the dust cover	4.39	1.16	Agree
163.	Pull the old bulb out of the holder	4.39	1.15	Agree
164.	Using a clean rag, wipe down the bulb holder	4.45	1.11	Agree
165.	Insert the new bulb into the bulb holder	4.50	0.98	Strongly Agree
166.	Return the dust cover	4.59	0.92	Strongly Agree
167.	Plug the wiring back in and secure the bulb	4.60	0.84	Strongly Agree
168.	Test to make sure it works	4.55	0.85	Strongly Agree
169.	Locate your fuse box under the dashboard on the driver's side or in the bonnet	4.65	0.65	Strongly Agree
170.	Open the box and locate the fuse that looks melted. Most fuse boxes have a diagram, so if headlight goes out, you can easily look at the diagram to make sure you are replacing the fuse that goes with the headlights	4.67	0.55	Strongly Agree
171.	Pull the bad or blown fuse out	4.78	0.42	Strongly Agree
172.	Replace the blown fuse with a new fuse of the same colour and wattage	4.68	0.56	Strongly Agree
173.	Locate the vehicle interface connection port (outlet)	4.79	0.41	Strongly Agree
174.	Connect the interface to the computer USB port and vehicle connection port	4.80	0.40	Strongly Agree
175.	Turn the vehicle ignition on	4.87	0.34	Strongly Agree
176.	The computer will display a home page, then select the type of vehicle	4.89	0.32	Strongly Agree
177.	Enter the vehicle information number (VIN), locate by the front windscreen or front door hinge	4.81	0.46	Strongly Agree
178.	Vehicle information will be display on the computer	4.88	0.33	Strongly Agree
179.	Navigate using computer keyboard and locate fault reading	4.78	0.64	Strongly Agree
180.	Fault codes will be displayed as shown, reading permanent fault. Repairs are to be carried out at this point	4.89	0.40	Strongly Agree
181.	After repairs, the fault codes will displayed as shown, reading intermittent fault	4.79	0.58	Strongly Agree
182.	Navigate to select clear fault codes	4.87	0.37	Strongly Agree
183.	Carrying out clearing fault will be displayed	4.85	0.65	Strongly Agree
184.	No fault found will be displayed after clearing of fault	3.61	1.34	Agree

Os dados apresentados na Tabela 5 revelaram que, dos 27 itens sobre a manutenção da iluminação, 20 itens cujas respostas médias são superiores a 3,50 - 5,00 numa escala de 5 pontos foram considerados como concordando fortemente. Enquanto os itens 148, 149, 150, 151, 152,153 e 173, com respostas médias de 4,50, 4,49, 4,37, 4,39, 4,39, 4,45 e 3,61, respetivamente, foram considerados concordantes. Isto mostra, portanto, que os inquiridos concordam com todos os itens. O desvio-padrão (DP) dos itens variou entre 0,32 e 1,34, o que indica que os inquiridos estão próximos na sua classificação.

Questão de investigação 3

Que estratégias pedagógicas são necessárias para o manual de formação em auto-eletricidade/eletrónica?

Os dados recolhidos para dar resposta à questão de investigação 3 são apresentados no Quadro 6.

Quadro 6

Média e Desvio Padrão dos Inquiridos sobre as Estratégias de Ensino Necessárias para o Manual de Formação em Auto-Eletricidade/Eletrónica N = 105

	Strategies	Mean	SD	Remark
185.	Carrying out demonstration in all practical activities involved in auto-electricity/electronics maintenance	3.30	1.00	Required
186.	Employing learning and doing in teaching concept of auto-electricity/electronics	3.56	0.87	Highly Required
187.	Field trip/excursion to see well established auto-electricity/electronics industries and workshops	3.60	0.80	Highly Required
188.	Using discussion method in teaching the learner auto-electricity/electronics	3.28	0.93	Required
189.	Employing modeling in teaching various aspects of auto-electricity/electronics to enable the learner to imitate	3.83	0.38	Highly Required
190.	Role play to show steps in various aspects of auto-electricity/electronics	3.56	0.59	Highly Required
191.	Employing simulations in auto-electricity in teaching the learners	3.70	0.48	Highly Required
192.	Asking probing questions for teaching auto-electricity/electronics	3.57	0.53	Highly Required
193.	Encouraging students on workshop practice	3.48	0.68	Required
194.	Applying guided observation in practical lesson	3.44	0.65	Required
195.	Using discovery method in training of students in auto-electricity/electronics	3.56	0.65	Highly Required
196.	Learning by imitation enhance the students to learn all aspect of auto-electricity/electronics	3.39	0.75	Required
197.	Applying programmed learning in teaching auto-electricity/electronics to the student	3.10	0.73	Required
198.	Encouraging individualized instructions in auto-electricity/electronics for slow learners	3.36	0.68	Required
199.	Involving and encouraging group discussion in small groups to ensure student participation in auto-electricity/electronics maintenance practice	3.23	0.71	Required
200.	Use of video, tape, television, and other technological devices in teaching concepts of auto-electricity/electronics	3.50	0.64	Highly Required
201.	Giving assignment to students on auto-electricity/electronics	3.52	0.76	Highly Required
202.	Employing lecture method in teaching some aspect of auto-electricity/electronics	3.46	0.78	Required
203.	Using jigsaw method in teaching the learner auto-electricity/electronics	3.05	0.79	Required
204.	Mentoring students in carrying out real life practical for teaching all steps involved in auto-electricity/electronics	3.10	0.78	Required
205.	Using modern equipment, replica of what the learner will meet in real life situation in teaching auto-electricity/electronics	3.11	0.82	Required
206.	Involving auto-electricity/electronics experts in teaching some specialize areas of auto-electricity/electronics	3.18	0.93	Required
207.	Employing coaching in teaching various steps in auto-electricity/electronics maintenance	3.16	0.91	Required
208.	Using concept of mapping in teaching all aspect of auto-electricity/electronics	3.17	0.98	Required
209.	Developing computer assisted instructions on some aspects of auto-electricity/electronics	3.14	0.84	Required
210.	Always apply surveying technique to students to ask questions during classes	3.12	0.90	Required
211.	Involving students in selection of suitable tools and materials for every practical to be taught in auto-electricity/electronics/	3.15	0.89	Required
212.	Always explaining various aspects of auto-electricity/electronics to the learner for more understanding	3.17	0.99	Required

Os dados apresentados na Tabela 6 revelam que, dos 28 itens sobre estratégias de ensino, apenas 9 itens cujas respostas médias são superiores a 3,50 - 4,00 numa escala de 4 pontos foram considerados altamente necessários. 19 itens com respostas médias de 2,50 - 3,49 foram considerados necessários pelos inquiridos. Isto mostra, portanto, que os inquiridos concordam com todos os itens sobre estratégias de ensino. O desvio-padrão (DP) dos itens variava entre 0,38 e 1,00, o que significa que os inquiridos estavam muito próximos na sua classificação.

Questão de investigação 4

Que materiais de formação são necessários para o manual de formação em auto-eletricidade/eletrónica?

Os dados recolhidos para dar resposta à questão de investigação 4 são apresentados no Quadro 7.

Quadro 7

Média e desvio-padrão dos inquiridos sobre os materiais de formação necessários para o manual de formação em Auto-Eletricidade/Eletrónica N = 105

	Materials	Mean	SD	Remark
213.	Hammer (Assorted)	3.15	0.94	Required
214.	Pliers	3.30	0.77	Required
215.	Long nose pliers	3.27	0.84	Required
216.	Grapping pliers	3.24	0.81	Required
217.	Rubber mallet	3.41	0.73	Required
218.	Files (Assorted)	3.41	0.65	Required
219.	G-clamp	3.19	0.82	Required
220.	Punch	3.14	0.92	Required
221.	Wire brush	3.43	0.73	Required
222.	Testing lamp	3.23	0.82	Required
223.	Ammeter	3.41	0.74	Required
224.	Voltmeter	3.36	0.75	Required
225.	Grease gum	3.28	0.87	Required
226.	Set of chisels	3.40	0.74	Required
227.	Socket spanners	3.33	0.87	Required
228.	Open ended spanners	3.27	0.85	Required
229.	Ring spanners	3.52	0.67	Required
230.	Allen keys	3.44	0.68	Required
231.	Set of screwdrivers	3.31	0.86	Required
232.	Gloves	3.32	0.80	Required
233.	Engine oil	3.31	0.85	Required
234.	Bench vice	3.25	0.92	Required
235.	Work bench	3.18	1.02	Required
236.	Cables (wire)	3.25	0.85	Required
237.	Oil can	3.27	0.90	Required
238.	Aprons	3.20	0.93	Required
239.	Portable drilling machine	3.22	0.90	Required
240.	Hacksaw frame and blade	1.69	0.89	Required
241.	Hand vice	1.69	0.91	Moderately Required
242.	Hand drill	1.67	0.85	Moderately Required
243.	Wire brush	2.97	1.14	Moderately Required
244.	Sand paper	2.96	1.06	Required
245.	Dwell meter	3.06	1.09	Required
246.	Oscilloscope	3.06	1.02	Required
247.	Electrical soldering iron	3.02	1.07	Required
248.	Solder	3.10	0.97	Required
249.	Battery charger	3.15	0.98	Required
250.	Goggle	2.95	1.01	Required
251.	Electrolyte	2.97	1.08	Required
252.	Scan tool	3.03	1.07	Required
253.	Computer interface	3.05	0.96	Required
254.	Computer	2.93	1.10	Required
255.	OBD connector	3.27	0.82	Required
256	Computer software	3.09	0.94	Required

Os dados apresentados na Tabela 7 mostram que, dos 44 itens sobre materiais de formação em auto-eletricidade/eletrónica, 41 itens cujas respostas médias são superiores a 2,50 - 3,49 numa escala de 4 pontos foram considerados necessários. Enquanto os itens 28, 29 e 30, com respostas médias de 1,69, 1,69 e 1,67, respetivamente, foram considerados moderadamente necessários. O desvio padrão (DP) dos itens variou entre 0,65 e 1,14, o que significa que os inquiridos estavam próximos na sua classificação.

Questão de investigação 5

Que critérios de avaliação são exigidos para o manual de formação em auto-eletricidade/eletrónica?

Os dados recolhidos para dar resposta à questão de investigação 5 são apresentados no Quadro 8.

Quadro 8

Média e desvio-padrão dos inquiridos sobre os critérios de avaliação exigidos para a autoavaliação

Eletricidade/Eletrónica Manual de formação N = 105

	Evaluation	Mean	SD	Remark
257.	Quality of work and maintenance in auto-electricity/electronics	3.15	1.02	Required
258.	Selection of right tools and equipment	3.18	0.90	Required
259.	Application of technical knowledge and skill in auto-electricity/electronics	3.57	0.72	Highly Required
260.	Ability to adopt required skills in new situation	3.59	0.83	Highly Required
261.	Creativity in auto electricity maintenance	1.42	0.73	Not Required
262.	Effective use of tools and materials	3.59	0.65	Highly Required
263.	Acceptance and application of advices and correction in auto-electricity maintenance	1.38	0.67	Not Required
264.	Quality of finished work	3.82	0.39	Highly Required
265.	Efficient management of time in auto-electricity/electronics maintenance	3.84	0.37	Highly Required
266.	Sustainability of the steps adopted in auto-electricity/electronics maintenance	3.86	0.35	Highly Required
267.	Problem solving ability in the face of new challenges	3.81	0.39	Highly Required
268.	Ability to adapt to correct learnt skills to new situation	3.65	0.66	Highly Required
269.	Failure to follow procedures as initially planned	3.87	0.34	Highly Required
270.	Commitment through regular attendance to practical classes in auto-electricity/electronics	3.60	0.85	Highly Required
271.	Carefulness in handling auto-electricity/electronics maintenance	3.10	1.15	Required
272.	Aesthetic value of finished work	3.29	1.08	Required
273.	Workability of finished work	3.13	1.23	Required

Os dados apresentados no Quadro 8 indicam que, dos 17 itens sobre a avaliação da manutenção da auto-eletricidade/eletrónica, 10 itens cujas respostas médias se situam entre 3,50 - 4,00 numa escala de 4 pontos foram considerados altamente necessários. Enquanto os itens 1, 2, 15, 16 e 17, cujas respostas médias se situam entre 2,50 e 3,49, foram considerados necessários. No entanto, os itens 5 e 7, cujas respostas médias se situam entre 0,50 e 1,49, foram considerados pouco exigentes pelos inquiridos. O desvio-padrão (DP) dos itens variava entre 0,34 e 1,23, o que significa que os inquiridos estavam muito próximos na sua classificação.

Questão de investigação 6

Qual é a eficácia do manual de formação em auto-eletricidade/eletrónica desenvolvido?

Os dados recolhidos para dar resposta à questão de investigação 6 são apresentados no Quadro 9.

Quadro 9

Eficácia do manual de formação desenvolvido no domínio da auto-eletricidade/eletrónica

Group		Pre-test	Posttest	Mean Gain
Experimental	N	25	25	
	Mean	18.80	66.48	47.68
	Std. Deviation	6.06	8.64	
Control	N	30	30	
	Mean	18.47	24.43	5.97
	Std. Deviation	4.81	6.77	

Os dados da Tabela 9 comparam as classificações médias dos grupos experimental e de controlo antes e depois do ensino. A tabela revela que o grupo experimental tinha uma pontuação média de 18,80 no pré-teste e subiu para 66,48, com um ganho médio de 47,68 após a interação com o pacote, enquanto o grupo de controlo tinha uma pontuação média de 18,47 no pré-teste e subiu para 24,43 no pós-teste, com um ganho médio de 5,97. Isto é uma indicação de que existe um efeito significativo da utilização do manual de formação em auto-eletricidade/eletrónica nas competências práticas e na aquisição de conhecimentos dos alunos. Isto implica que o manual é eficaz.

Hipótese

Não há diferença significativa entre os desempenhos dos alunos ensinados com o manual desenvolvido e os ensinados sem o manual desenvolvido.

Os dados recolhidos para testar esta hipótese são apresentados no quadro 10.

Quadro 10

Ho. Resumo da ANCOVA sobre os desempenhos dos alunos ensinados com o manual desenvolvido e os ensinados sem manual

Source	Type III Sum of Squares	df	Mean Square	F	Sig.
Corrected Model	408.489	2	204.244	3.837	.028
Intercept	13226.106	1	13226.106	248.446	.000
Pretest	351.368	1	351.368	6.600	.013
Group	48.562	1	48.562	.912*	.044
Error	2768.238	52	53.235		
Total	238159.000	55			
Corrected Total	3176.727	54			

***Significativo a um sinal de F<0,05**

Os dados apresentados na Tabela 10 mostram o F calculado para as pontuações médias dos grupos experimental e de controlo no desempenho médio na utilização do manual de formação de auto-eletricidade/eletrónica. O valor F calculado para o grupo é de 0,912 com uma significância de F de 0,044, que é inferior a 0,05, pelo que a hipótese nula não é aceite ao nível de significância de 0,05.

Conclusões do estudo

Com base nos dados recolhidos e analisados, o estudo permitiu chegar às seguintes conclusões

1.   Foi desenvolvido um manual de formação em auto-eletricidade/eletrónica para escolas

técnicas na Nigéria.

a.   9 objectivos de auto-eletricidade/eletrónica foram desenvolvidos para o manual

b.   172 tarefas no conteúdo de auto-eletricidade/eletrónica foram desenvolvidas para o manual

c.   28 estratégias de ensino podem ser adoptadas para a formação em auto-eletricidade/eletrónica

d.   Foram necessários 44 instrumentos e materiais de formação para o manual de auto-eletricidade/eletrónica.

e.   Foram desenvolvidos 15 critérios de avaliação

2.   Para que o aprendente adquira competências eficazes, é necessário um exercício repetido. O formando deve continuar a praticar para progredir na aquisição e desenvolvimento de competências. O manual de formação permitirá que o formando o consulte e continue a consultá-lo mesmo depois de concluído o curso, até atingir o domínio da competência em causa.

3.   Os alunos que interagiram com o manual de formação tiveram um desempenho significativo em comparação com os alunos que tiveram aulas de manutenção de auto-eletricidade/eletrónica sem o manual.

Discussão dos resultados

Objectivos da manutenção de Auto-Eletricidade/Eletrónica

Os dados apresentados no Quadro 1 deram resposta à primeira questão de investigação. Os resultados revelaram que 9 dos 11 itens sobre o objetivo do manual de formação em auto-eletricidade/eletrónica foram classificados como concordantes pelos inquiridos e considerados adequados para o manual. A pontuação média obtida para os objectivos variou entre 4,90 para o item relativo à melhoria da utilização de ferramentas/instalações/equipamentos de diagnóstico e 4,31 para o item relativo ao complemento da experiência profissional dos estudantes da indústria, entre outros. A elevada média obtida para os objectivos confirma a sua necessidade para o manual. A identificação dos objectivos de qualquer formação é muito importante e deve ser claramente explicitada. Esta conclusão está de acordo com a opinião de Mohammed (2008) de que, para uma aquisição eficaz de competências em automecânica (eletricidade/eletrónica), a utilização de ferramentas de diagnóstico e de instalações e equipamentos relevantes deve ser enfatizada para aumentar os conhecimentos práticos dos estudantes. Alabi, (2005) afirmou que os objectivos são enunciados em termos precisos, claros e mensuráveis, a fim de atingir a meta a que se destinam. O objetivo de um manual de formação é fornecer um esboço passo a passo dos procedimentos para a realização de uma tarefa específica. Os objectivos podem ser de curto prazo para tarefas e operações específicas ou de longo prazo em termos do objetivo global da atividade. A afirmação do que precede é manifestada pelas respostas aos 11 objectivos, dos quais 9 foram devolvidos com concordância (Quadro 1). O grau de adequação é igualmente revelado pelo grau de proximidade dos itens no seu desvio-padrão. Na tecnologia de manutenção de auto-eletricidade/eletrónica, a identificação da manutenção de auto-eletricidade/eletrónica e do objetivo específico é primordial para a realização do objetivo global do programa. Para que os objectivos sejam alcançados, o ensino deve ser realizado de forma vigorosa e eficaz, o que inclui a utilização de material de formação adequado no decurso do ensino e da aprendizagem. Donkor (2010) afirmou que a definição de metas e objectivos serve de base para o desenvolvimento de qualquer atividade. Ajudará a planear uma cadeia lógica de actividades que terão lugar durante o curso da formação, estabelece a base para a avaliação da eficácia da formação; ajuda o formador a estabelecer uma relação com os participantes e dá a oportunidade de correlacionar as expectativas dos participantes com o programa da formação.

As metas e os objectivos são essenciais para conceber uma formação eficaz. Sem compreender a finalidade e os resultados esperados da formação, as coisas podem correr mal. Se não houver objectivos e finalidades claramente definidos, não haverá uma base sólida para a seleção ou conceção de materiais, conteúdos e métodos. Uma declaração clara do que se pretende alcançar com a formação fornecerá também uma base sólida para a escolha de métodos de avaliação adequados. Por outras palavras, os formandos saberão exatamente em que direção estão a viajar e os formadores saberão se estão ou não a chegar lá.

Conteúdo do Manual de Formação em Auto-Eletricidade/Eletrónica no sistema de baterias, carregamento, arranque e iluminação

Os dados apresentados no Quadro 2 deram resposta à segunda questão de investigação. Os resultados revelaram que 52 dos 53 itens relativos à manutenção da bateria foram considerados pelos inquiridos como adequados para inclusão no manual. A média obtida para a manutenção da bateria variou entre 4,90 para a seleção das ferramentas certas, a verificação do nível de eletrólito da bateria, a aplicação de massa lubrificante no terminal e 3,95 para retirar a bateria do seu compartimento, entre outros. A elevada média obtida justifica a inclusão dos 52 itens no manual. Esta constatação está de acordo com Femi & Abdulkadir (2008), que opinam que os terminais da bateria ainda são um pouco propensos à corrosão e, por isso, o serviço habitual de limpeza com água e aplicação de massa lubrificante continua a ser recomendado. A bateria serve como fonte de energia para o veículo. Fornece também a energia para o sistema de arranque; é também uma fonte de energia para o sistema de iluminação do veículo e actua como estabilizador de tensão para o sistema elétrico (Kia Motors, 1999). Para garantir a fiabilidade e prolongar a vida útil, a bateria deve ser submetida a uma inspeção e manutenção periódicas. Nenhuma reparação eléctrica significativa será efectuada sem primeiro se conhecer o estado da bateria do veículo. O nível de eletrólito (o líquido em cada célula da bateria) deve estar cheio até ao nível máximo. Os cabos e os terminais da bateria devem estar em bom estado e firmemente fixados. Muitas avarias que ocorrem nos veículos podem ser diagnosticadas como problemas eléctricos do automóvel. A origem destes problemas está normalmente relacionada com a eletricidade que está a ser gerada pela bateria ou pelo alternador (Allpar, 2013). Uma vez que a bateria é a fonte de eletricidade de um veículo, não é de surpreender que seja normalmente a causa de muitos problemas eléctricos automóveis. Consequentemente, a Tabela 2 apresenta a resposta aos itens necessários para a manutenção da bateria em eletricidade/eletrónica automóvel. Também revelou que a manutenção da bateria envolve a limpeza dos terminais da bateria, a verificação do eletrólito, a substituição da bateria e o teste da tensão da bateria. Estas respostas estão de acordo com SAQA, 2012 e Allpar, 2013.

Os dados do quadro 3 revelam que os inquiridos concordam com todos os 48 itens relativos à manutenção da carga que devem ser incluídos no manual. A média obtida para a manutenção do carregamento variou entre 4,98 para desapertar 4 parafusos de passagem, desapertar os terminais da bateria, ajustar a correia de tensão e remover o alternador e 4,12 para desapertar os clipes do alternador, entre outros. Esta constatação está em conformidade com Denton (2004), que estipulou que o procedimento de manutenção do carregamento inclui: desapertar os terminais da bateria; desapertar os clipes do alternador; retirar o alternador, desmontá-lo e retificar a avaria. O sistema de carga mantém a bateria carregada e fornece as necessidades eléctricas de várias unidades durante o funcionamento do motor. A manutenção periódica, como o tensionamento e a lubrificação da correia de transmissão, é normalmente tudo o que é necessário durante milhares de quilómetros. Em muitos casos, não há peças de substituição disponíveis e toda a unidade tem de ser substituída se estiver defeituosa. A Tabela 3 mostra a opinião dos inquiridos sobre os itens que constituem a manutenção do carregamento da eletricidade do automóvel. O estudo revela que o sistema de carregamento é um componente essencial do sistema elétrico do veículo, sem o qual o sistema elétrico de um automóvel não funcionará corretamente.

A Tabela 4 revelou que todos os 45 itens relativos à manutenção do arranque foram considerados pelos inquiridos como devendo ser incluídos no manual. A média obtida variou entre 5,00 para localizar a porta de ligação da interface do veículo, ligar a interface à porta USB e desligar os terminais da bateria, desligar o cabo do motor de arranque, remover o conjunto do motor de arranque e 4,53 para nenhuma falha encontrada, entre outros. Estes resultados estão de acordo com Wondo (2004), que enumerou os passos na manutenção do sistema de arranque de um veículo a motor, incluindo o desligar dos terminais da bateria e a remoção do motor de arranque para reparação. Também Denton (2004) afirmou que o rastreio ou diagnóstico de avarias em veículos modernos começa com a ligação do computador à interface com a porta USB do veículo para ler e retificar as avarias. O sistema de arranque é fornecido no veículo como meio de arranque do motor. É aparafusado à parte traseira inferior do motor. O sistema de arranque é constituído pela bateria, pelo motor de arranque, pelo solenoide, pelo interrutor da ignição e pelo interrutor da transmissão automática. Muitas vezes, determinar a peça que está em falta quando o motor não arranca é mais difícil do que substituir as peças defeituosas. Muitas queixas de mau desempenho do motor de arranque são atribuídas a uma bateria descarregada ou defeituosa. Os dados do Quadro 4 estabelecem o grau de concordância da manutenção do arranque. A utilização do manual melhorará as competências dos estudantes e dos técnicos de automóveis no que respeita à manutenção adequada do sistema de arranque.

A Tabela 5 revela que os inquiridos concordaram com todas as 27 questões e consideraram-nas adequadas para o manual. A pontuação média obtida variou entre 4,89 para a ligação da interface à porta USB do computador e à porta do veículo, a remoção do fio do suporte da lâmpada, a utilização de um pano limpo e 3,61 para a não deteção de falhas, entre outros. As elevadas médias obtidas justificam a inclusão de todos os itens no manual. Esta constatação está de acordo com Denton (2004), que afirmou que o rastreio ou diagnóstico de avarias nos veículos modernos começa com a ligação do computador à interface com a porta USB do veículo para ler e retificar as avarias. O sistema de iluminação destina-se a iluminar o veículo para que o condutor possa ver à noite ou na escuridão e também a dar informações aos outros utentes da estrada e a indicar a direção em que o veículo está a virar. O circuito do sistema de iluminação é constituído por uma bateria, um interrutor e uma lâmpada. Por conseguinte, é muito necessário adquirir competências práticas no domínio da manutenção do sistema de iluminação dos veículos a motor. Os estudantes de auto-eletricidade/eletrónica e os técnicos de automóveis considerarão este manual muito importante e útil.

O diagnóstico por computador foi também considerado como um componente da identificação e manutenção de falhas no sistema elétrico dos automóveis modernos. Foram identificadas as etapas envolvidas no diagnóstico de avarias na manutenção eléctrica/eletrónica do automóvel, em particular na bateria, no carregamento, no arranque e no sistema de iluminação.

Em resumo, o estudo revelou que a auto-eletricidade/eletrónica é caracterizada por 172 itens agrupados em quatro áreas, nomeadamente

i.   Bateria

ii.   Carregamento

iii.   Início

iv.   Iluminação

Estratégias de ensino necessárias para a manutenção de Auto-Eletricidade/Eletrónica

Os dados da Tabela 6 respondem à terceira questão de investigação. Esta tabela revela que todos os 28 itens sobre estratégias de ensino são considerados concordantes e adequados para inclusão no manual pelos inquiridos. A média obtida para as estratégias de ensino variou entre 3,83 para o emprego da modelação no ensino de vários aspectos da auto-eletricidade/eletrónica, a realização de demonstrações, o emprego da simulação, a visita de estudo/excursão e 3,05 numa escala de 4 pontos para o emprego do método jigsaw no ensino da auto-eletricidade/eletrónica, entre outros. As conclusões deste estudo estão de acordo com Umar & Ma'aji (2011), que referem que as potencialidades dos estudantes são desenvolvidas com a utilização de diferentes estratégias de ensino, como a demonstração, a simulação, a dramatização, entre outras, para a manipulação de ferramentas e equipamentos de oficina. As estratégias de ensino são o veículo através do qual as metas e os objectivos de qualquer formação chegam ao seu destino. Enquanto que uma estratégia adequada torna a aprendizagem e a formação rápidas e suaves, as estratégias inadequadas tornam a formação lenta, áspera e prejudicam os objectivos. As estratégias ou métodos de ensino são por vezes descritos como métodos de instrução, que são a forma como a informação é apresentada aos alunos (Yalams, 2002). O principal objetivo de qualquer estratégia de ensino é ajudar os formandos a tornarem-se cidadãos auto-suficientes e responsáveis, reforçando as potencialidades individuais. Afirmou ainda que o estudo independente incentiva os formandos a assumirem a responsabilidade pelo planeamento e pelo ritmo da sua própria aprendizagem, é muito flexível, pode ser utilizado com um ou mais indivíduos enquanto outra estratégia é utilizada com o resto da turma. Esta afirmação pode ser responsável pelas múltiplas estratégias adoptadas neste estudo.

Materiais de formação necessários para o ensino da manutenção de auto-eletricidade/eletrónica

Os dados apresentados na Tabela 7 respondem à quarta questão de investigação. Os dados implicam que todos os 44 itens sobre ferramentas e equipamento eram necessários para serem incluídos no manual de formação de manutenção de auto-eletricidade/eletrónica, tal como acordado pelos inquiridos. A pontuação média dos itens obtidos variou entre 3,50 para as chaves de anel, chaves de caixa, medidor de permanência e 1,67 numa escala de 4 pontos para o berbequim manual, entre outros. Nunca é demais sublinhar a importância e a aplicação de ferramentas e equipamento em qualquer ação de formação psicomotora. Em consonância com as conclusões deste estudo, Robert (2012) afirmou que os equipamentos ajudam os formadores a traduzir ideias abstractas em ideias concentradas. As conclusões de Udoutin (2001) também apoiam esta conclusão. Ele referiu que a utilização de ferramentas e equipamento no ensino/aprendizagem melhora o desenvolvimento das competências dos estudantes e que as competências práticas dos estudantes lhes permitem ganhar a vida. A utilização de materiais didácticos melhora a compreensão dos alunos, a eficácia da aprendizagem, influencia a atitude dos alunos, estimula a aprendizagem e aumenta a produtividade dos alunos. Assim, Opeyemi (2005) explicou os contributos da utilização de instalações durante o ensino e a aprendizagem da seguinte forma: ajuda a atrair a atenção dos alunos e, consequentemente, melhora o seu nível de interesse, estimula o interesse dos alunos em participar nas actividades de ensino e aprendizagem, ajuda os alunos a imaginar a realidade do que foi ensinado e cria um ambiente de aprendizagem interativo, facilitando assim um ensino e uma aprendizagem eficazes. Quando os alunos são formados sem instalações, têm dificuldade em praticar após a conclusão do curso. Na oficina de manutenção de automóveis/eletrónica é necessário um grande número de ferramentas e equipamento para realizar as diferentes operações. Mohammed (2008) revelou que a falta de equipamento em qualquer programa de formação fará com que os formandos não tenham amplas oportunidades de o ver e manipular para adquirirem os conhecimentos e competências necessários. A diminuição do número de ferramentas e equipamentos é atribuível ao tipo de manutenção de auto-eletricidade/eletrónica considerado.

Critérios de avaliação exigidos para a manutenção de equipamentos eléctricos e electrónicos

Os dados apresentados na Tabela 8 respondem à questão de investigação cinco. A Tabela 9 revela que, dos 17 critérios de avaliação, os inquiridos consideraram que 15 eram necessários para o manual de formação em manutenção de auto-eletricidade/eletrónica. A média obtida variou entre 3,86 para os passos de sustentabilidade adoptados em auto-eletricidade/eletrónica, a capacidade de adotar as competências necessárias numa nova situação, a seleção das ferramentas e equipamentos corretos e 3,13 numa escala de 4 pontos para a exequibilidade do trabalho acabado, entre outros. A avaliação é tão boa como a definição dos objectivos de aprendizagem. A conclusão deste estudo está de acordo com Wondo (2004), que afirma que o trabalho prático dos estudantes deve ser avaliado desde a seleção das ferramentas e do equipamento até ao acabamento. Isto implica, portanto, que a avaliação das competências práticas deve ser um processo sistemático. Okoro (2002) definiu a avaliação como a apreciação do valor de uma coisa ou de uma determinada ação e a tomada de decisões adequadas com base nessa apreciação. Destacou que os objectivos da avaliação incluem: dar feedback aos alunos e ao professor, ajudar a melhorar a eficiência e a eficácia dos conteúdos e métodos de formação, melhorar a utilização da produtividade da organização. A avaliação da formação pode ser formativa ou sumativa; o seu objetivo é ajudar a melhorar a formação durante e no final do programa. Os critérios selecionados estavam associados à aquisição de capacidades psicomotoras orientadas para o desenvolvimento de competências individuais.

Eficácia do Manual de Formação em Auto-Eletricidade/Eletrónica desenvolvido

Para determinar a eficácia ou não do manual de formação de auto-eletricidade/eletrónica, foi necessário realizar um teste. A Tabela 10 mostra os valores calculados de F para testar a significância entre as pontuações médias dos grupos experimental e de controlo e o efeito de interação do tratamento dado aos alunos através da utilização do manual de formação relativamente à sua pontuação média no Teste Psicomotor de Auto-Eletricidade/Eletrónica. O valor F para os grupos é de 0,912, com uma significância de F de 0,044, que é inferior a 0,05, pelo que a hipótese nula não é aceite ao nível de significância de 0,05. Com este resultado, existe uma diferença significativa entre as classificações médias dos alunos ensinados com o manual de formação e as dos alunos ensinados sem o manual.

4. RESUMO, CONCLUSÕES E RECOMENDAÇÕES

Reformulação do problema

A necessidade de produzir artesãos, técnicos e outro pessoal qualificado que sejam empreendedores e auto-suficientes é a premissa sobre a qual as escolas técnicas foram criadas na Nigéria. O Governo, através da sua Política Nacional de Educação, mandatou as escolas técnicas para dar formação e transmitir as competências necessárias para a produção de artesãos, técnicos e outro pessoal qualificado que seja empreendedor e autossuficiente. Espera-se que os estudantes do ensino técnico possuam as competências práticas necessárias que lhes permitirão assegurar e manter um emprego. Infelizmente, estas competências práticas necessárias são o que falta aos estudantes das escolas técnicas, deixando-os assim desempregados. Esta situação é demonstrada pelo ritmo a que os estudantes se dedicam a trabalhos não qualificados, como ciclismo comercial, pequeno comércio, etc. A situação é ainda pior, pois alguns deles envolvem-se em actividades políticas, roubos, assaltos e muitos outros vícios sociais. Umar (2000) observou que, na Nigéria, se regista um aumento crescente do número de desempregados que abandonam o ensino técnico superior. No entanto, o verdadeiro problema reside na falta de competências técnicas entre eles. Na mesma linha, Audu & Umar (2006) observaram a apatia dos professores das escolas técnicas na adaptação de métodos de ensino modernos e científicos. Afirmaram que os professores técnicos permaneciam agarrados aos métodos de ensino antigos e tradicionais, que não facilitam a aquisição de competências, e aconselharam que os professores técnicos actualizassem os seus conhecimentos e utilizassem as estratégias de ensino mais recentes e adequadas, o que, por sua vez, melhoraria a aquisição de competências, resultando num emprego remunerado.

Aparentemente, a escassez de competências pode ser resolvida com pacotes de instrução adequados, como um manual de formação, que tanto o professor como o aluno seguirão, conduzindo a uma aquisição de competências bem sucedida. Pelas caraterísticas de um manual, um manual de formação pode contribuir muito para melhorar os problemas de competências dos nossos estudantes e de outros utilizadores, para que possam viver no trabalho. Uma vez que a auto-eletricidade/eletrónica é uma profissão orientada para as competências, caracterizada por riscos, a utilização de um manual de formação, que pode ser usado pelos estudantes, mesmo depois da graduação, como material de referência, pode melhorar a aquisição de competências, garantindo assim um emprego ou um trabalho independente.

Resumo dos procedimentos utilizados

O estudo adoptou etapas restritas de Investigação e Desenvolvimento (I e D), para o desenvolvimento do manual de formação em manutenção de auto-eletricidade/eletrónica para as escolas técnicas na Nigéria. Especificamente, as etapas do processo de conceção foram articuladas em três fases principais, nomeadamente

1. Inquérito de avaliação das necessidades

2. Desenvolvimento de manuais e

3. Validação do manual

Os objectivos específicos do estudo foram os seguintes

❖   Determinar os objectivos do manual de formação em manutenção de equipamentos eléctricos/electrónicos,

❖   Determinar o conteúdo do manual de formação em auto-eletricidade/eletrónica,

❖   Determinar estratégias de ensino para o manual de formação em auto-eletricidade/eletrónica,

❖   Determinar os materiais de formação para o manual de formação em auto-eletricidade/eletrónica,

❖   Determinar os critérios de avaliação do manual de formação em auto-eletricidade/eletrónica,

❖   Elaborar o manual de formação em auto-eletricidade/eletrónica,

❖   Determinar a eficácia do manual de formação em auto-eletricidade/eletrónica desenvolvido.

Para atingir estes objectivos, foram formuladas seis questões de investigação e uma hipótese nula. A população do estudo foi de 348 pessoas, incluindo todos os 75 professores de auto-mecânica em escolas técnicas, 36 supervisores de automóveis nos Estados do Noroeste da Nigéria e 237 estudantes. As turmas intactas de 30 e 25 do Government Technical College Malali, Kaduna e Kano foram objeto de uma amostragem intencional devido à disponibilidade de instalações e à proximidade. Para a recolha de dados, foram utilizados o Questionário do Manual de Formação em Auto-Eletricidade/Eletrónica (ATMQ), o Teste Psicomotor de Auto-Eletricidade/Eletrónica (APT) e a Escala de Avaliação de Auto-Eletricidade/Eletrónica (ARS). Estes instrumentos foram submetidos a uma validação presencial por peritos da universidade, de escolas técnicas e da indústria automóvel. Com base nos comentários dos validadores, os itens foram revistos e ajustados.

Para determinar a fiabilidade dos instrumentos, o ATMQ foi submetido a um teste de consistência interna. As secções B, C, D, E e F obtiveram um coeficiente de fiabilidade de 0,72, 0,81, 0,76, 0,78 e 0,73 no coeficiente alfa de Cronbach, respetivamente. A fiabilidade interavaliadores foi utilizada para estabelecer a consistência interna do APT. Para determinar a fiabilidade, cinco avaliadores utilizaram a ARS para classificar os estudantes. A fiabilidade entre avaliadores foi calculada utilizando o coeficiente de concordância de Kendall. Obteve-se um coeficiente de 0,75w.

O ATMQ foi aplicado a todos os professores técnicos e supervisores de automóveis em escolas técnicas e indústrias automóveis nos Estados do Noroeste da Nigéria. Os dados dos inquiridos foram analisados utilizando as médias e o desvio padrão. A partir dos dados recolhidos e analisados, foi elaborado um manual de formação em manutenção de auto-eletricidade/eletrónica. Para estabelecer a validade do projeto de manual de formação desenvolvido para a manutenção de equipamentos eléctricos/electrónicos, o manual de formação foi testado em 55 estudantes do Government Technical College Malali, Kaduna e do Government Technical College Kano. Foi administrado um pré-teste aos alunos, que foram considerados como uma turma intacta nas suas respectivas escolas. Foi igualmente administrado um pós-teste da mesma forma que o pré-teste. O resultado do teste foi analisado utilizando ANCOVA para testar a hipótese num SPSS-19.

Principais conclusões do estudo

1. É desenvolvido um manual de formação com imagens e passos para a manutenção de auto-eletricidade/eletrónica para escolas técnicas.

2. Uma auto-eletricidade/eletrónica é caracterizada por procedimentos de diagnóstico de bateria, carregamento, arranque, iluminação e computador.

3. Uma manutenção bem sucedida da auto-eletricidade/eletrónica requer ferramentas e materiais que lhe são próprios.

4. A formação em auto-eletricidade/eletrónica e outras formações orientadas para as competências são caracterizadas por estratégias de ensino e critérios de avaliação específicos.

5. Os alunos ensinados com o manual de formação em manutenção de auto-eletricidade/eletrónica têm um melhor desempenho do que os alunos ensinados sem o manual.

6. A aquisição de conhecimentos essenciais é facilitada por práticas e ensaios repetidos sob a orientação de um instrutor.

Conclusão

Consequentemente, na procura da nação para a produção de mão de obra de nível médio, por outras palavras, mão de obra qualificada para as suas indústrias, há a necessidade de estimular e reter competências entre os nossos estudantes de escolas técnicas, a fim de alcançar os objectivos da criação de escolas técnicas na Nigéria e, assim, o estudo propôs-se desenvolver um manual de formação para o ensino e aprendizagem da auto-eletricidade/eletrónica em escolas técnicas. O estudo identificou várias tarefas e competências de auto-eletricidade/eletrónica necessárias para os sistemas de bateria, carregamento, arranque e iluminação.

O estudo adoptou o modelo de Investigação e Desenvolvimento (I&D) para desenvolver o manual de formação em manutenção eléctrica/eletrónica de automóveis. O manual desenvolvido foi testado em estudantes de escolas técnicas. Os resultados mostraram que o manual é eficaz para melhorar o teste psicomotor. Isto implica que, quando os estudantes são ensinados utilizando manuais de formação, o seu desempenho é melhorado. Isto pode dever-se ao facto de o manual de formação ser prático, podendo ser consultado ao seu próprio ritmo e conveniência.

Com base nestas conclusões, o manual de formação desenvolvido para o ensino e a aprendizagem da auto-eletricidade/eletrónica nas escolas técnicas contribui para o desenvolvimento, a aquisição e a retenção de competências. Com base nas conclusões deste estudo, recomenda-se que os programas relacionados com a aquisição de competências sejam ensinados com a ajuda de manuais de formação, que servirão de guia tanto para os professores como para os alunos.

Implicações dos resultados

Os resultados do presente estudo têm implicações de longo alcance nos processos de aquisição de competências em geral, e na promoção da formação e da aprendizagem em programas relacionados com a psicomotricidade nas escolas técnicas. Os resultados do estudo revelaram que a aquisição efectiva de competências é possível através de exercícios repetidos. O aprendente deve continuar a praticar para progredir. A lacuna de competências entre principiantes e peritos só pode ser preenchida através de formação ou prática repetidas. O manual de formação permitirá que o formando faça referências a ele e continue a consultá-lo mesmo depois da graduação, até que o domínio dessas competências seja alcançado. Uma vez que o objetivo do Ensino Técnico na Nigéria é dar formação e transmitir as competências necessárias a indivíduos que serão auto-suficientes, a adaptação do manual de formação ajudará a formar o formando, mesmo os licenciados do Ensino Técnico, em indústrias ou no autoemprego.

Os professores de auto-mecânica e de outros programas relacionados irão, em qualquer momento do seu ensino, recorrer ao manual de formação para obter orientação para atingir o seu objetivo. Quando se dispõe de um manual ou de um guia de formação em manutenção de auto-eletricidade/eletrónica, os professores e formadores de auto-eletricidade/eletrónica podem atingir o seu objetivo com o mínimo de tempo e de custos. O que teria sido desperdiçado em termos de tempo e material devido a confusão, será poupado com a utilização do manual de formação em manutenção.

Recomendações

Com base nas conclusões do presente estudo, são feitas as seguintes recomendações:

1. Para estimular uma compreensão significativa e a aquisição de competências, os alunos e os professores devem adotar a utilização de manuais de formação na formação, especialmente em áreas técnicas, onde se espera uma aprendizagem baseada em competências.

2. Embora os alunos devam ser encorajados a ler e a praticar, as actividades de grupo tendem a favorecer as actividades orientadas para as competências em vez da prática individual.

3. O Ministério Federal da Educação, através da agência supervisora, NBTE, deve organizar workshops, convidando especialistas e estudantes a desenvolver manuais de formação em todas as disciplinas que requerem competências para os cursos técnicos.

4. Uma vez que a educação é uma exigência de competências ao longo da vida, o Governo Federal deveria, prioritariamente, dotar as escolas técnicas de ferramentas, instalações e fundos adequados para os consumíveis, a fim de incentivar a aquisição de competências, atingindo assim os objectivos da sua criação.

5. Devem ser organizados workshops, seminários e conferências para os professores das escolas técnicas, a fim de os esclarecer sobre a importância e a utilização de manuais de formação, impressos ou electrónicos, para facilitar a aquisição de competências.

6. Os manuais de formação devem ser utilizados para toda a formação orientada para as competências nas escolas técnicas, para que o objetivo possa ser alcançado.

Limitações do estudo

1. Devido ao grande número de operações e competências a observar no manual, os inquiridos têm dificuldade em arranjar tempo para preencher o questionário.

2. Devido à série de tarefas envolvidas na manutenção da auto-eletricidade/eletrónica, era difícil dar a um único aluno um teste prático completo de auto-eletricidade/eletrónica, pelo que foram agrupados.

3. Devido à inadequação das instalações, não foi possível testar em todas as escolas o projeto de manual de formação em manutenção eléctrica/eletrónica.

Não obstante estas limitações, a validade deste estudo não é afetada porque 94% de retorno dos instrumentos é suficientemente elevado.

Sugestões para estudos futuros

A partir dos resultados deste estudo, sugerem-se os seguintes investigadores.

1. Replicação deste estudo noutras zonas geopolíticas da Nigéria.

2. O efeito do manual de formação em manutenção de auto-eletricidade/eletrónica na aquisição de

competências dos estudantes de auto-mecânica na Nigéria.

3. Desenvolvimento de um manual de formação em vídeo para a manutenção de auto-eletricidade/eletrónica na

Escolas técnicas na Nigéria.

Referências

Abdullahi, S. M. (2003). Avaliação do Programa de Formação Técnica Profissional na Escola da Nigéria. *Um documento apresentado na 18th Conferência Anual da Associação Nigeriana de Professores de Tecnologia (NATT)*. Minna: Escola Superior de Educação do Estado do Níger. Pp. 112 - 118.

Abimbade, A. (1996). A Instrução Assistida por Computador (CAI) e o Professor. *Nigerian Journal of Computer Literacy,* 1. 1. 74 - 81.

Abimbade, A. (1999). *Principles and Practice of Educational Technology.* Ibadan: *International Publishers.*

Adamu, A. U. (2001). Ensino e aprendizagem assistidos por computador. Em K. Ishaku; C. M. Anikweze, A. Maiyanga e M. Olakun (Eds.), Pp. 45 - 52. *Teacher Education in the Information Technology Age (Formação de Professores na Era da Tecnologia da Informação).* Abuja: NCCE.

Adeoye, E. A. & Salami, A. A. (2000). *A Guide Book on Approaches to Teaching.* Ilorin: My Grace Graphics Reproduction Com.

Adigun, A. O. (1997). *Introduction to Vocational Technical Education (with Principles and Methods of Teaching Skills).* Lagos: Raytel Communication.

Alabi, O. I. (2004). Manutenção das infra-estruturas das oficinas no ensino técnico e suas implicações nas instituições terciárias. Em G. N. Nnaji, F. O. N. Onyeukwu, E. A. Nnenji, B. M. Ndomi, e M. Ukponson (Eds), Pp. 148 - 154. Consolidating the Gains of Technology Education for National Development (Consolidar os ganhos da educação tecnológica para o desenvolvimento nacional). *Actas da 19th Conferência Anual da Associação de Professores de Tecnologia da Nigéria (NATT).*

Allpar, Z. (2013). *Reparação da bomba de combustível mecânica.* Recuperado em 3/12/2012 de http://www. allpar. com/fix/fuel/fuel-pumps.html

Al-Shehri, A. M. (2004). *O Desenvolvimento de Recursos de Aprendizagem Online Reutilizáveis para Estudantes de Design Instrucional com base nos Princípios dos Objectos de Aprendizagem.* Tese de doutoramento. Manhattan: Universidade Estadual do Kansas. Recuperado em 24th abril, 2012 de http ://scholar. lib.vt. edu/elournals/JSTE/V4n3/html

Aluos, E. A. (2000). *A conceção de um manual de formação.* Recuperado em 12/08/2010 de http://en.wikibooks.org/wiki/designing a training _manual.

Akinjide, J.O. (1997). An Overview of Nigeria's Technology Teacher Education in the Past Decade (Uma visão geral da formação de professores de tecnologia na Nigéria na última década). Em K. A. Salami; T. A. G. Oladimeji e A. W. Ajetunmobi (Eds), Pp. 89 - 96. *Actas da 10th Conferência Anual da Associação de Professores de Tecnologia da Nigéria (NATT).*

Akpan, A. C. (2003). *A Qualidade da Formação Recebida no Programa de Eletricidade e Eletrónica por Licenciados de Escolas Técnicas no Estado de Akwa-Ibom.* Projeto de Mestrado não publicado. Departamento de Formação Profissional de Professores, Universidade da Nigéria, Nsukka.

Aliyu, M. M. (2001). *Business Education in Nigeria (Trends and Issues).* Zaria: ABU Press Ltd.

Amuka, L. O. C. (2002). *Desenvolvimento e Validação de um Instrumento de Avaliação do Trabalho Afetivo de Estudantes do Ensino Técnico Industrial.* Tese de doutoramento não publicada. Departamento de Formação Profissional de Professores, Universidade da Nigéria, Nsukka.

Audu, R., & Umar, I. Y. (2006). A Survey of Strategies for Improving Practical Skills Acquisition in Technical Colleges of Niger State (Um estudo das estratégias para melhorar a aquisição de competências práticas nas escolas técnicas do Estado do Níger*). Journal of League of Researchers in Nigeria (JOLORN). 10.* (1). *27-32*

Ayuba, Z. G. (2007). *Desenvolvimento e Validação de Teste de Perceção Auditiva e Visual para Habilidades em Tecnologia e Prática de Máquinas-Ferramenta.* Tese de doutoramento não publicada. Departamento de Formação Profissional de Professores, Universidade da Nigéria, Nsukka.

Bakare, J. (2006). Competências de Prática de Segurança Necessárias aos Estudantes de Eletricidade/Eletrónica das Escolas Técnicas do Estado de Ekiti. Projeto PGDTE não publicado. Departamento de Formação Profissional de Professores, Universidade da Nigéria, Nsukka.

Bello, J. Y. (2000). *Princípios básicos do ensino.* Ibadan: Spectrum Books Ltd.

Brophy, S. P. (2006). *Guideline for Modular Design.* E.U.A.: Universidade de Vanderbilt.

Camp, W. G. (2001). *Formulating and Evaluating Theoretical Framework for Career and Technical Education Research (Formulação e avaliação de um quadro teórico para a investigação no domínio do ensino técnico e profissional). Journal of Vocational Education Research. 26.* (1). 25 Recuperado de: http://scholar. libivt.edu/elournals/JVER/v26n1 /camp. html em 10 de janeiro de 2012.

Cookey, G. (1990). *Teoria do Desempenho. Universidade de Idaho.* Recuperado em 10th março, 2012. De:
    http://www.webpage.uidaho.edu/ele/scholars/Results/Workshops/Facilita tors.
Instituto/Theory%20of%20Performance.pdf

Dangana, S. A. (2006). *Necessidades de Melhoria das Competências Técnicas dos Técnicos de Auto-eletrónica para a Manutenção de Automóveis Modernos no Estado do Níger.* Projeto de Mestrado não publicado. Departamento de Formação Profissional de Professores, Universidade da Nigéria, Nsukka.

David, L. L. (2000). *Introdução à Psicologia.* Nova Iorque: McGraw-Hill Book.

Denton, T. (2004). *Automobile Electrical and Electronic Systems.* SINGAPURA: Elsevier Butterworth-Heinemann. Linacre House, Jordan Hill, Oxford OX2 8DP 200 Wheeler Road, Burlington, MA 01803.

Donkor, F. (2010). The Comparative Instructional Effectiveness of Print-Based and Video-Based Instructional Materials for Teaching Practical Skills at Distance (A Eficácia Instrutiva Comparativa de Materiais Instrucionais Baseados em Impressão e Baseados em Vídeo para o Ensino de Competências Práticas à Distância). *A revisão internacional da investigação em ensino aberto à distância. 11.* (1)

Duffy, J. E. (1998). *Auto-Eletricidade e Tecnologia Eletrónica.* Illinois: The GoodheartWillcox.

Eade, D. (2007). *Capacity Building: An Approach to People Centre Development.* Reino Unido e Irlanda: Oxfam.

Effiong, E. J. (2006). *Desenvolvimento e Validação de uma Alternativa ao Teste Prático para Medir Competências em Dispositivos e Circuitos Electrónicos em Escolas Técnicas.* Tese de doutoramento não publicada. Departamento de Formação Profissional de Professores, Universidade da Nigéria,

Nsukka.

Egwu, A. N. (2009). *Desenvolvimento e Validação de um Instrumento para a Avaliação da Aquisição de Competências do Processo Científico em Química Prática*. Tese de doutoramento não publicada. Departamento de Formação Profissional de Professores, Universidade da Nigéria, Nsukka.

Ehiametalor, E. T. (1999). The Business Enterprise in Nigeria. Ikeja: Logman Nigeria Plc.

Eneogwe, U. N. (1996). O Processo Curricular. Em Ogwo, B. A. (Ed). *Curriculum Development and Educational Technology*. Makurdi: Onaivi Printing and Publishing.

Ezeji, S. C. O. A. (2004). *Um Guia para a Preparação de Especificações Educativas para Instalações Secundárias de Arte Industrial*. Enugu: Cheston Books Ltd.

Ezugu, L. G. (2000). Planeamento de equipamento para o ensino tecnológico na Nigéria. *Jornal Nigeriano de Educação e Tecnologia. 12* (6), 27-32.

Ezugwu G. G. (2006). *Desenvolvimento e Validação de um Instrumento para a Avaliação da Eficácia do Ensino pelos Estudantes em Faculdades de Educação*. Tese de doutoramento não publicada. Departamento de Formação Profissional de Professores, Universidade da Nigéria, Nsukka.

Fatimah, A. (2012). *Estratégias para escrever manuais de instrução*. Canadá: Halifax Nova-Scotia

Ministério Federal da Educação. (2000). *Desenvolvimento do ensino técnico e profissional na Nigéria no século 21st (Plano Diretor para 2001-2010)*. Abuja.

República Federal da Nigéria, (2004). *Política Nacional de Educação. (4th ed.)*. Abuja: NERDC.

Femi, S. G. & Abdulkadir, B. Y. (2011). Necessidades de Formação de Aprendizes de Mecânica de Veículos Motorizados na Estrada no Estado do Níger. *Jornal de Ciência, Tecnologia e Matemática (JOSTMED). 10.* (2). 69 -74

Ferrari, M. (2000). *Manual de Auto-Regulação e Treinamento na Aprendizagem Observacional de Habilidades Motoras*. EUA: Pearson Education

Finch, C. R. & Crunkilton, J. E. (1999). *Curriculum Development in Vocational and Technical Education (Desenvolvimento Curricular no Ensino Técnico e Profissional)*. Boston: Allyn and Bacon, Inc.

Folorunso, O. A. (2004). Fornecimento Adequado de Materiais de Instrução no Ensino da Tecnologia de Trabalho em Metal: Implicações para a consecução dos objectivos NEEDS. Em G. N. Nneji; M. A. Ogunyemi; F. O. N. Onyeukwu; M. Ukponson; S. O. Agbati e C. A. Nnenji (Eds.) Technology Education as an Impetus for Sustainable NEEDS. *Procedimentos da 17th Conferência Nacional Anual da Associação Nigeriana de Professores de Tecnologia (NATT)*. Abuja.

Gall, J. P., Gall, M. D, & Borg, R. W. (2007). *Educational Research: An Introduction. (6th ed.)*. *Boston:* Pearson Education.

Gooch, D. L. (2012). *Investigação, desenvolvimento e validação de um guia de recursos do diretor da escola para facilitar a utilização das redes sociais pelo pessoal da escola*. Manhattan: Universidade Estadual do Kansas.

Guthrie, E. F. (1952). *The Psychology of Learning*. Nova Iorque: Harper and Row

Hallak, J. & Poisson, M. (2002). *Educação e Globalização: Aprender a viver juntos*. In UNESCO's globalization and Living Together: the Challenges for Educational Content in Asia, França: UNESCO, 10-16.

Hall, H. S. (1992). *Methods and Problems in Apprenticeship System (Métodos e problemas do sistema de aprendizagem)*. New York: The Century Publishing Company.

Hart, C. (1998). *Doing a Literature Review*. Londres: Sage.

Hass, W. C. (2003). *Desenvolvimento de um Manual de Formação*. Recuperado em 12/08/2010 de http://en.wikibooks.org/wiki/designing a training _manual.

Hillier, V. A. W. (1991). *Fundamentals of Motor Vehicle Technology*. Cheltenham, Inglaterra: Stanley Thornes Publishers.

Hornby, A. S (2001). *Oxford Advanced Learners Dictionary of Current English. (7th ed.)*. London: Oxford University Press.

Hyundai Motors, (2006). *Manual de oficina do modelo L4GC: Para uso industrial*. Hyundai Motor Co. Inc.

Jika, O. F. (2010). *Efeito do Método de Instrução de Descoberta Guiada no Desempenho dos Estudantes em Auto-Mecânica em Escolas Técnicas no Estado de Benue*. Projeto de Mestrado não publicado. Departamento de Formação Profissional de Professores, Universidade da Nigéria, Nsukka.

Johnson, M. E. (1997). Designing for Interaction, Learner Control, and Feedback During WebBased Learning (Conceber para Interação, Controlo do Aluno e Feedback Durante a Aprendizagem Baseada na Web). *Journal of Educational Technology. 39*. (3), 23-29.

Kaplan, A. (2002). *Capacity Building: Shifting the Paradigms of Practice*. (10th Anniversary Issue): 517-526.

KIA Motors, (1999). *Guia de Aprendizagem do Aluno: Curso de Eletricidade Automóvel*. América: Departamento de Formação de Serviços Corporativos.

Kinnell, D. (2003). *Evaluation of Capacity Building: Lessons from the Field*. Washington, D. C. Alliance for Non-Profit Management.

Lan, S. (2007). *Mecenato ou parceria: Local Capacity Building in a Humanitarian Crises*. Bloomfeild, CT: Kumaraian Prescvs.

Ma'aji, S. A. (2003). *An Assessment of Vocational/Technical Training Programmes in Nigerian Prisons of Selected northern Nigerian Prisons (Uma Avaliação dos Programas de Formação Profissional/Técnica nas Prisões Nigerianas do Norte da Nigéria)*. Tese de doutoramento não publicada. Departamento de Formação Profissional de Professores, Universidade da Nigéria, Nsukka.

Machunga, I. S. (2008). *Um Estudo de Estratégias para Melhorar a Aquisição de Competências Práticas em Escolas Técnicas nos Estados de Kebbi e Sokoto, Nigéria*. Projeto de Mestrado não publicado. Departamento de Educação Industrial e Tecnológica, Universidade Federal de Tecnologia, Minna.

Marxano, R. J. (1998). *A Theory Based Mat Analysis of Research on Instruction*. Colorado: Laboratório Regional de Educação.

McNamara, C. (2007). *Classroom Pedagogy and Primary Practice*. London: Routledge.

Miles, M. B. & Huberman, M. A. (1994). *Qualitative Data Analysis: An Experience Sourcebook. (2nd ed.)*. Beverly Hills: Sage.

Mohammed, U. T., Gayus, B. J., Oscar, T. I. & Solomon, R. J. (2002). *Fundamentals of Vocational and Technical Education in Nigeria (Fundamentos do ensino profissional e técnico na Nigéria)*. Umuahia: Versatile Publishers.

Mohammed, P. I. (2008). *Desenvolvimento de um Instrumento de Avaliação de Competências Práticas de Mecânica de Veículos Motorizados para Faculdades Técnicas no Estado do Níger, Nigéria*. Projeto (M.Tech) não publicado. Universidade Federal de Tecnologia, Minna.

Mohammed T. M., Kolo, E. & Ezekiel, J. (2002). Parceria Politécnico-Indústria: uma Ferramenta Necessária para Melhorar a Aquisição de Competências de Trabalho dos Estudantes de Engenharia Eléctrica/Eletrónica. *Journal of Technology and Education Research. 3.* (2), 98-111.

Conselho Nacional do Ensino Técnico, (2001). *Mecânica de veículos a motor"*. *Certificado Técnico Nacional e Certificado Técnico Nacional Avançado. Currículos revistos para escolas técnicas e politécnicos*. Kaduna: NBTE.

Conselho Nacional do Ensino Técnico, (2003). *Trabalho de Mecânica de Veículos Motorizados. Certificado Técnico Nacional e Certificado Técnico Nacional Avançado, Currículo e Especificações de Módulo*. Kaduna: NBTE.

Nelson, A. (1990). *Curriculum Design Technique*. E.U.A.: W. B.C. Brown Publishers.

Nice, K. (2001). *Como funciona o computador*. Recuperado em 18/03/2012, de http://www.howslufworks.com

Estado do Níger, (2011). *Diário do Governo do Estado do Níger*. Kaduna: Bimaco Nigeria Ltd.

República Federal da Nigéria, (2004). *Política Nacional de Educação. (4th ed.)*. Imprensa NERDC.

Nwankwo, J. I. (2000). *Educational Administration Theory and Practice*. Nova Deli: Vikas Publication Ltd.

Nwankwor, N.A. (2000). Desempenho dos alunos em disciplinas profissionais e técnicas: A Fator of Vocational Choice and Assessment (Um fator de escolha e avaliação vocacional*)*. *Zaria Journal of Educational Studies. 2.* (2), 150-154.

Nwosu, E.C. (2001). Avaliação no ensino das ciências: Factos com que um professor de Química deve estar familiarizado. In: O. O. Busari (Ed). *Procedimentos de 40th Conferência Anual da Associação de Professores de Ciências da Nigéria (STAN)*.

Obi, E. (2003). *Teoria e prática da gestão da educação*. Enugu: Jamoe Ent.

Ogbuanya, T. C., Ogundola, P. I. & Ogunmilade, J. O. (2010). O Nível de Disponibilidade de Ferramentas e Equipamentos Recomendados para o Ensino de Trabalhos de Mecânica de Veículos Motorizados em Escolas Técnicas nos Estados do Sudoeste, *Nigéria. Nigeria Vocational Journal 14.* (2), 92-103.

Ogwo, B. A. & Oranu (2006). *Methodology in Formal and Non Formal Technical/ Vocational Education (Metodologia no ensino técnico-profissional formal e não formal)*. Nsukka: University of Nigeria Press.

Ohuche, R. O & Akeji, S. A. (1998). *Measurement and Evaluation in Education (Medição e Avaliação na Educação)*. Onitsha: Africana Fep Publishers Ltd.

Okafor, E. N. (2000). *Educational Technology: Teoria e prática para instituições terciárias*. AWKA: MP Educational Research and Publishers.

Okorie, J. U. (2000). *Developing Nigeria Workforce*. Calabar: Macnky Environs Publishers.

Okorie, J.U. (2001). *Ensino Industrial Vocacional*. Bauchi: Liga dos Investigadores da Nigéria (LRN).

Okoro, M. O. (1999). *Princípio e métodos no ensino profissional e técnico*. Nsukka: University Trust Publishers.

Okoro, O.M. (2002). *Medição e avaliação em educação*. Uruwolu-Obosi: Pacific Publishers.

Okoro, O. M. (2006). *Princípio e métodos no ensino profissional e técnico*. Enugu: University Trust Publishers.

Omkar, P. (2011). *Resolução de problemas eléctricos em automóveis*. Obtido em 20/09/2011 de http://www.buzzle.com/articles/troubleshooting-car-electrical-problems.html

Omosewo, E. O. (2000). Impacto do método de ensino por descoberta no desempenho dos alunos em Física. *Jornal da Associação Nigeriana de Professores de Tecnologia (JONATT). 3.* (1), 99-107.

Okwuene, J. O. (1996). O Ensino na Nigéria. Em B. A. Ogwo (Ed). *Curriculum Development and Educational Technology*. Makurdi: Pp. 127 - 135. Onaivi Printing and Publishing.

Okwori, R. O (2009). The Place of Technology Education in the Vision of Nigerian's Future (O lugar da educação tecnológica na visão do futuro da Nigéria). *Um artigo publicado nas Actas da 23rd Conferência Anual da Associação Nigeriana de Professores de Tecnologia (NATT)*. Makurdi: Marcilliana Nigeria Ventures.

Olaitan, S. O. (1999). Technical and Vocational Education in Nigerian Schools (Ensino Técnico e Profissional nas Escolas Nigerianas). *Um documento publicado nas Actas da Conferência de Revisão do Currículo das Escolas Profissionais. Kaduna 2nd - 6th setembro.*

Olaitan, S. O., Nwachukwu, C. E., Igbo, C. A., Onyemachi, G. A., & Ekong, A. O. (1999*). Curriculum Development and Management in Vocational Technical Education (Desenvolvimento e Gestão Curricular no Ensino Técnico Profissional)*. Onitsha: Cape Publishers Int. Ltd.

Olaitan, S. O. (1996). *Ensino Técnico Profissional na Nigéria. (Issues and Analysis)*. Onitsha: Noble Graphics Press.

Olaitan, S. O. (2003). *Understanding Curriculum*. Nsukka: Ndudim Press.

Olaitan, S. O, & Ali, A. (1997). *The Making of Curriculum (Teoria, Processo, Produto e Avaliação)*. Onitsha: Cape Publishers Int. Ltd.

Olaitan, S. O. & Ekong, A. O. (2002). *Modelos de investigação. In Olaitan, S. O. (Ed) Researcher Skills in Education and Social Sciences*. Owerri: Cape Publishers Int. Ltd.

Onah, F. E. (2006). *Desenvolvimento e normalização do teste de desempenho em ciências agrícolas para escolas secundárias do estado de Enugu.* Tese de doutoramento não publicada. Departamento de Formação Profissional de Professores, Universidade da Nigéria, Nsukka.

Onwe, V. E. (2004). *Design Instrucional para a Componente Prática da Tecnologia de Construção para o Currículo do Certificado de Educação (Técnico) da Nigéria.* Tese de doutoramento não publicada, Departamento de Formação de Professores de Educação Profissional, Universidade da Nigéria, Nsukka.

Opeyemi, O. A. (2005). Competências Baseadas na Indústria Exigidas aos Graduados de Instituições Técnicas Terciárias para Emprego em Auto-eletrónica no Estado de Kaduna. *Jornal Nigeriano de Tecnologia e Investigação. 7.* (12), 56-60.

Orikpe, E. A. (1994). Cultura de Manutenção e Utilização de Materiais de Instrução no Ensino Técnico Profissional. Em E. U. Anyakoha e E. C. Osuala (Eds). Vocational Technical Education Technological Growth (Crescimento Tecnológico do Ensino Técnico Profissional). Universidade da Nigéria, Nsukka. *Publicações NVA.*

Osinem, E. C. & Nwoji, C. U. (2005). *Experiência de trabalho industrial dos estudantes na Nigéria: Concepts, Principle and Practice.* Enugu: Cheston Agency Limited.

Osuala, E. C. (1999). *Foundation of Vocational Education (4th ed.).* Onitsha: Cape Publishers International Ltd.

Pivos, F. G. (2004). *Manual de Formação Conceção e Construção.* Recuperado em 12/08/2010 de http://en.wikibooks.org/wiki/designing a training _manual.

Robert, N. G. (2012). *Introdução ao ensino profissional e técnico.* Londres: Kris Beck Publications.

Robinson, P. B. (1999). The Effect of Education and Experience on Self Employment Success (O efeito da educação e da experiência no sucesso do autoemprego). Journal of Business Venturing, 9. 141-156.

Sanni, S. O. (2000). *Instrução informática em conceitos estatísticos básicos: Case Study of 1st year Undergraduate Students in a Nigerian University.* Tese de doutoramento não publicada. Tese. Universidade Abubakar Tafawa Balewa, Bauchi.

SAQA, (2012). Auto-eletricidade Retrieved on14th August, 2012. De: http://pcqs.saqa.org.za/showQualification.php?id=78944

Schwaller, A. E. (1999). *Tecnologia Automóvel.* New Your: Demar Publishers Inc.

Smith, M. K. (2000). *A Enciclopédia da Educação para a Informação.* Recuperado de www.inted.org/biblio/b-curriculum

Smyth, R (2004). Exploring the Usefulness of a Conceptual Framework as a Research Tool: A Researchers Reflection. *Issues in Educational Research. 14.* (1), 20-28.

Stockel, M. W., Stockel, M. T. & Johanson, C. (1996). *Auto Service and Repair.* EUA: The Goodheart-Willcox Company Ltd.

Tasbulatovo, C. (2000). *Encouraging Skills and Entrepreneurship within the Arctic Region (Incentivar as competências e o espírito empresarial na região do Ártico).* Londres: Fundação Europeia para a Formação.

Thompson, A. S. (1997). *O contexto escolar para a orientação profissional. Em Borrow, H. (Ed.). Man in World of Work*. Boston: Houghton Mifflin Company.

Thorndike, E. J. & Woodwork, R. S. (1901). *The Influence of Improvement in One Mental Function Upon the Efficiency of Other Functions (A Influência da Melhoria de uma Função Mental na Eficiência de Outras Funções)*. New York: John Willey.

Udoutin, M. P. (2001). Individualização do programa de ensino pré-profissional na escola secundária. *Revista Internacional de Educação e Desenvolvimento (IJED). 4.* (11). 1-5

Umar, A. M. (2000). O lugar da educação tecnológica na visão do futuro da Nigéria. *Um artigo publicado nas Actas da 11th Conferência Anual da Associação Nigeriana de Professores de Tecnologia (NATT)*. Lagos: Marcilliana Nigeria Ventures.

Umar, I.Y. & Ma'aji, S. A. (2011). *Reposicionamento das Instalações em Oficinas de Faculdades Técnicas para Eficiência: A Case Study of North Central Nigeria*. Recuperado em 20th outubro, 2012 de http://scholar.lib.vt.edu/elournals/JSTE/V4n3/umar.html

Umunadi, E. K. (2007). *Desenvolvimento e Utilização de Circuitos Práticos para o Ensino de Eletricidade Básica e Eletrónica em Escolas Técnicas na Nigéria*. Tese de doutoramento não publicada. Departamento de Formação Profissional de Professores, Universidade da Nigéria, Nsukka.

Ukoha, U. A. (1995). *An Evaluation of Vocational Technical Training Programme in Some Eastern Nigerian States Prisons (Avaliação do Programa de Formação Técnica Profissional em algumas Prisões dos Estados da Nigéria Oriental)*. Projeto de Mestrado não publicado. Departamento de Formação Profissional de Professores da Universidade da Nigéria, Nsukka.

Ukogwu, U. A. (2006). Expectativas profissionais de educadores e estudantes sobre o currículo do ensino técnico e a adequação do currículo para satisfazer as expectativas. *The Nigerian Teacher Today. 9.* (1), 38-49.

Uwaifo, V. O. (2005). *Principles and Practice of Vocational and Technical Education in Nigeria (Princípios e práticas do ensino profissional e técnico na Nigéria)*. Benin City: Ever-Blessed Publishers.

Uzoagulu, A. E. (1998). Towards an Effective Equipment Management (EEM) in Schools for Economic and Technological Self-Reliance. Um documento apresentado na 7th Conferência Anual da NVA. Realizada no F.C.E (T), Umunze. novembro, 25-28.

Vance, J. E. (2003). *The Rise of Automobile. Na Nova Enciclopédia Britânica*. REINO UNIDO: 28. 798810.

Webster, A. M. (1977). *Webster's Ninth New Collegiate Dictionary*. Massachusetts: Morrian and Webster Inc. Publishers.

Wikipédia, (2006). *Veículo híbrido, a enciclopédia livre*. Recuperado em 02/06/2012 de http://en.wikipedia.org/wiki/hybridvehicle.

WiseGeek, Z. P. (2013). *Sistema Elétrico Automóvel*. Recuperado em 3/01/2013 de http://www.wisegeek.com/what-are-the-most-common-automotive-electrical problems.html

Wondo, D. Y. (2004). Avaliação das Competências Práticas dos Estudantes do Ensino Técnico no Estado de Kebbi. Projeto de Mestrado não publicado. Universidade Federal de Tecnologia, Minna.

Yalams, S. M. (2002). Técnicas de avaliação pedagógica no ensino técnico e profissional. *Um documento apresentado num Workshop para Diretores de Politécnicos e Chefes de Departamento sobre a Implementação do Currículo Revisto. Currículo NBTE revisto para ND e HND.* Politécnico Federal de Bauchi.

APÊNDICE

DESENVOLVEU A AUTO-ELECTRICIDADE/ELECTRÓNICA MANUAL DE FORMAÇÃO EM MANUTENÇÃO

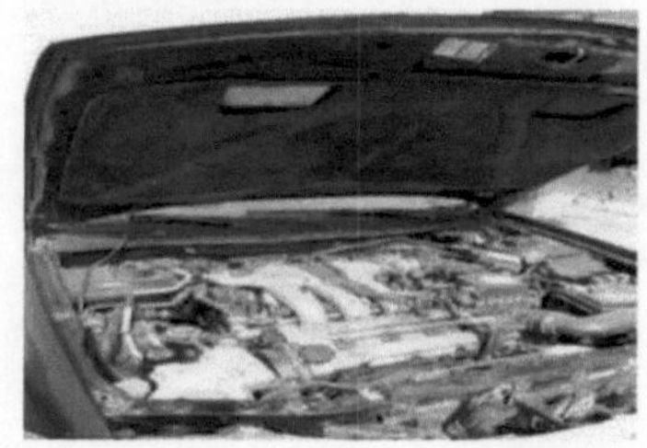

Objectivos

1. Apresentar um esboço passo a passo dos procedimentos para a resolução de problemas num sistema elétrico de um automóvel
2. Fornecer aos estudantes e técnicos de automóveis as competências e os conhecimentos necessários para diagnosticar e reparar veículos com anomalias no sistema elétrico
3. Desenvolver as competências necessárias para uma transição harmoniosa da escola para o local de trabalho
4. Melhorar as competências dos professores no ensino da auto-eletricidade/eletrónica
5. Proporcionar competências de empregabilidade aos estudantes de auto-eletricidade/eletrónica
6. Melhorar a utilização de ferramentas/instalações/equipamentos de diagnóstico
7. Complementar a experiência profissional dos estudantes do sector
8. Aumentar o interesse dos alunos pela auto-eletricidade/eletrónica
9. Aumentar a oportunidade de progredir no seu percurso educativo

	Cleaning Automobile Battery Terminals	
1.	Switch off or turned off the vehicle ignition	
2.	Open the vehicle bonnet	
3.	Select the right (tools) spanners. Wait for two to three minutes before loosing	
4.	Loose the battery cables starting with negative cable first	
5.	Move the terminal from side to side and gently pull them up	

	Cleaning Automobile Battery Terminals	
6.	Clean the battery terminals with a wire brush and corrosion removal fluid	
7.	Gently scrub the terminals to achieve a shine and remove dried acid build-up	
8.	Rinse the cleaning fluid with water and dry with a rag	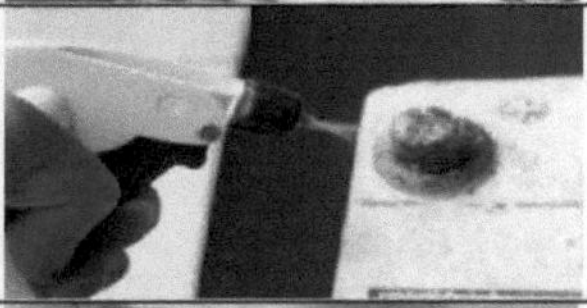
9.	Apply grease to protect the battery terminals from rust and corrosion	
10.	Reinstall the battery terminals starting the with positive (+) one first by tightening them into place with a rubber mallet	
11.	Turn off the vehicle ignition	

12.	Put on protective wear (cloth)	

13.	Open the hood (bonnet)	
14.	Remove the vent caps if the battery is not a sealed type	
15.	Check the electrolyte levels in each cell using hydrometer	
16.	Fill the hydrometer and drain twice for each cell before taking a reading	
17.	Drain the electrolyte back into its own cell	
18.	Test all cells and then replace the vent covers	
19.	Specific gravity reading (hydrometer) for each cell should be between 1.235 and 1.277	
20.	If cell reading is below 1.277 or more (between the highest and lowest cell), then charge the battery or replace	

21.	Get the correct battery of the vehicle	
22.	Turn the ignition off	
23.	Open the hood (bonnet)	
24.	Gather all the necessary tools	
25.	Disconnect the negative (-) cable first	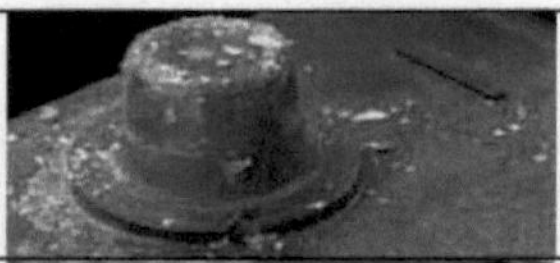
26.	Then disconnect the positive (+) cable	
27.	Remove the battery hold-down or clamping device	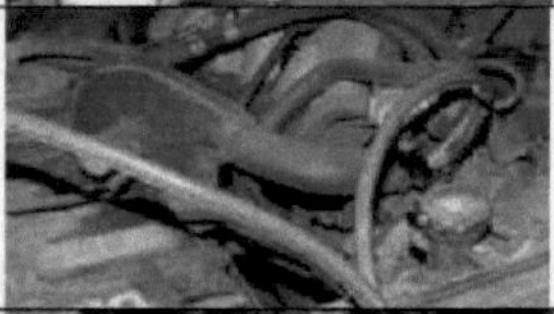
28.	Lift the battery out of its compartment (seat)	

29.	Keep the battery upright on the floor	
30.	Clean thoroughly the battery compartment using the wire brush and baking soda	
31.	Put the new battery in its compartment (seat)	
32.	Apply grease to the terminals	
33.	Replace the connections, starting with the positive (+) terminal	
34.	Open the hood (bonnet)	
35.	Turn on your voltmeter	
36.	Select DC voltage	

37.	Place the voltmeter's red lead on the battery's positive (+) terminal	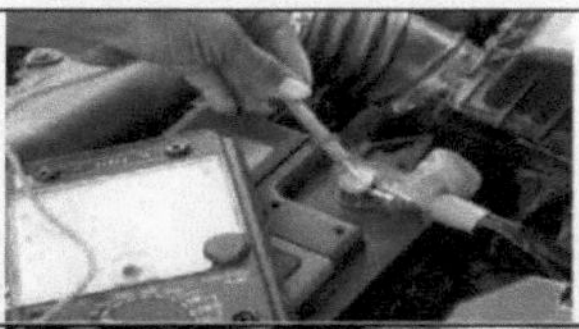
38.	Place the black lead on the battery's negative (-) terminal	
39.	Read the screen or indicator (if meter is not digital)	
40.	If meter reading is less than 12.5 or 6.35 volts, charge battery or replaced	
	Computer Diagnostics Test on Vehicle Battery	
41.	Locate the vehicle interface connection port (outlet)	
42.	Connect the interface to the computer USB port and vehicle connection port	
43.	Turn the vehicle ignition on	

44.	The computer will display a home page, then select the type of vehicle	
45.	Enter the vehicle information number (VIN), locate by the front windscreen or front door hinge	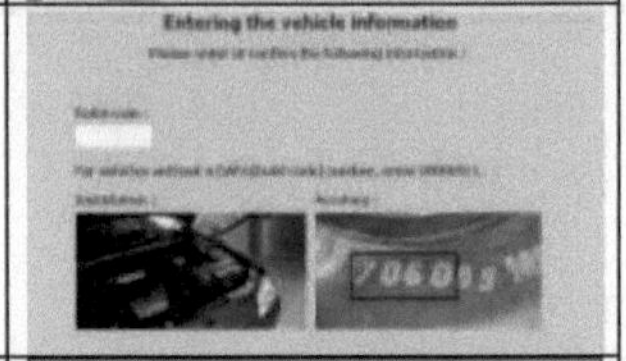
46.	Vehicle information will be display on the computer	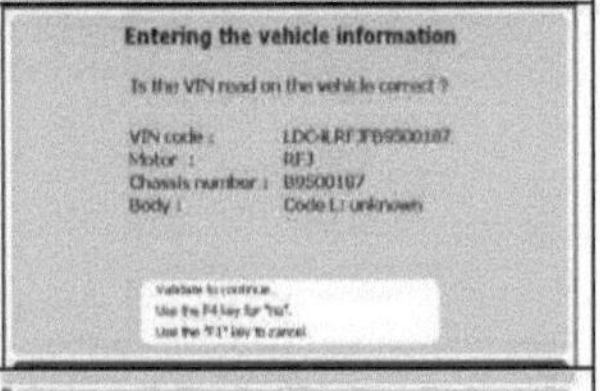
47.	Navigate using computer keyboard and locate fault reading	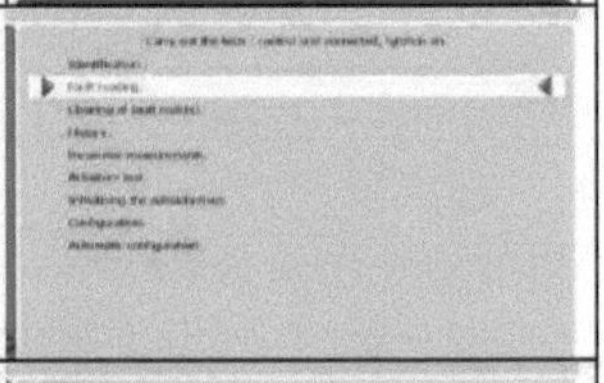
48.	Fault codes will be displayed as shown, reading permanent fault. Repairs are to be carried out at this point	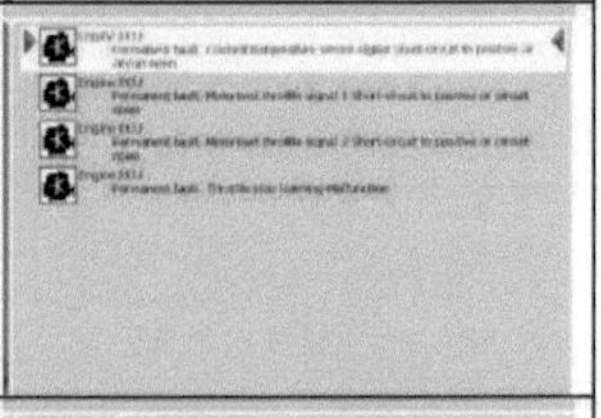
49.	After repairs, the fault codes will displayed as shown, reading intermittent fault	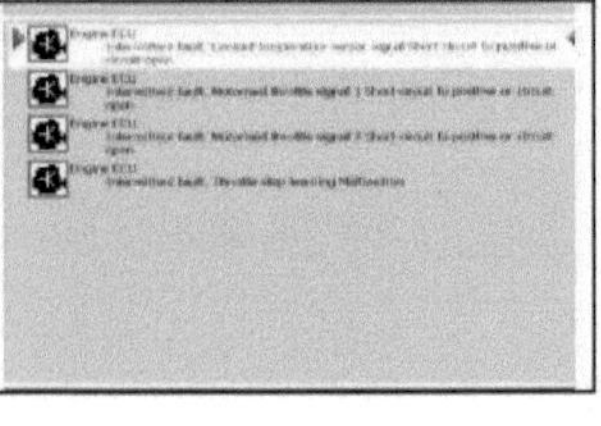

50.	Navigate to select clear fault codes	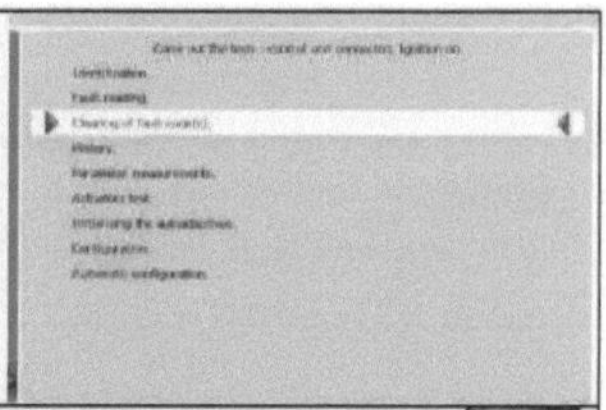
51.	Carrying out clearing fault will be displayed	
52.	No fault found will be displayed after clearing of fault	
	Disassemble and Installation of Alternator	
53.	Disconnect the battery terminals	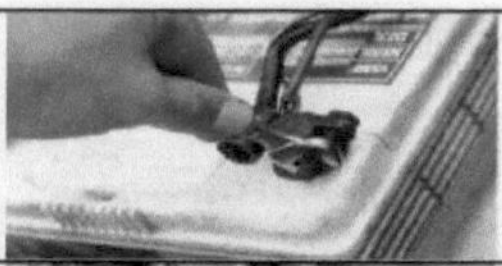
54.	Disconnect the alternator terminals	
55.	Loosen the alternator clips	
56.	Loosen the alternator tension adjustment bolts	
57.	Remove the belt by pressing the alternator inward	

58.	Loosen the mounting and remove the alternator assembly	
59.	After removing the mounting nuts, remove the alternator cover using a screwdriver	
60.	Loosen the three mounting screws and disconnect the brush holder assembly	
61.	Remove the slip ring guide	
62.	Remove the nut, pulley and spacer	
63.	Loosen 4 through bolts	
64.	Separate the rotor, stator and cover	
65.	Installation is in reverse order of removal	
	Alternator Rotor	

66.	Inspect the rotor coil for continuity and check for continuity between slip rings. If resistance is too low, circuit is short and if resistance is too high, circuit is opened. So replace the rotor assembly in both cases.	
67.	Inspect the rotor coil ground and check for continuity between the slip ring and the core	
68.	Inspect the rotor and coil ground and check for continuity between slip ring and core. If there is continuity, replace the rotor assembly	
	Alternator Stator	
69.	Inspect the stator coil for continuity and check for continuity between coil leads. If there is no continuity, replace the stator assembly	
70.	Inspect the coil ground and check for continuity between the coil and the core. If there is continuity, replace the stator assembly	

	Inspecting Alternator Rectifier	
	(+) Rectifier	
71.	Inspecting continuity between (+) rectifier and stator coil lead terminal using ohmmeter, there must be only one direction continuity. If there is both direction continuity, replace the rectifier assembly owing to short circuit diode	

	(-) Rectifier	
72.	Inspecting continuity between (-) rectifier and stator coil lead terminal using ohmmeter, there must be only one direction continuity. If there is both direction continuity, replace the rectifier assembly owing to short circuit of diode	
73.	Pry off the soldered leads	
74.	Unscrew the three mounting screws	
75.	Remove the screw that holds one of the brush leads	
76.	Take out the old rectifier	
77.	Install the new rectifier with the three mounting screws	
78.	Solder the three heavy leads earlier pried off back into place	
79.	Attach the holding screw	

80.	Undo the screws holding each brush assembly in place	
81.	Remove the brushes by simply pulling them out of their channel	
82.	Clean the contact area on the armature shaft where the brushes make contact	
83.	Install the new brushes, making sure the spring for each is exactly on the back of each brush and pushes directly into the brush slot	
Alternator Voltage Regulator Replacement		
84.	Remove the screw that holds the brush in place	
85.	Remove the screw that holds the lead to the grounding screw in place	
86.	Pull out the brush	

87.	Fit back a new brush and reinstall the screws in the reverse order of the removal	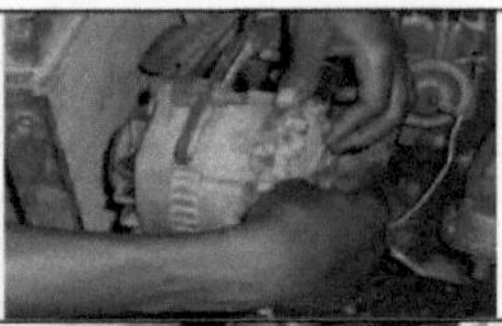
88.	Connect the interface to the computer USB port and diagnostics socket outlet under the vehicle dashboard	
	Computer Diagnostics Test on Vehicle Alternator System	
89.	Locate the vehicle interface connection port (outlet)	
90.	Connect the interface to the computer USB port and vehicle connection port	
91.	Turn the vehicle ignition on	
92.	The computer will display a home page, then select the type of vehicle	
93.	Enter the vehicle information number (VIN), locate by the front windscreen or front door hinge	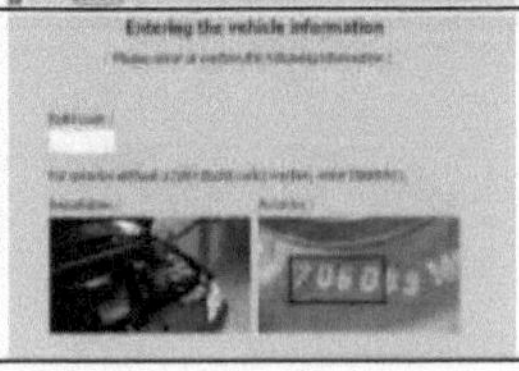

94.	Vehicle information will be display on the computer	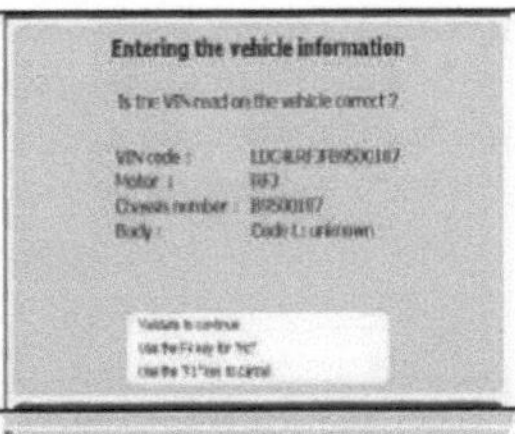
95.	Navigate using computer keyboard and locate fault reading	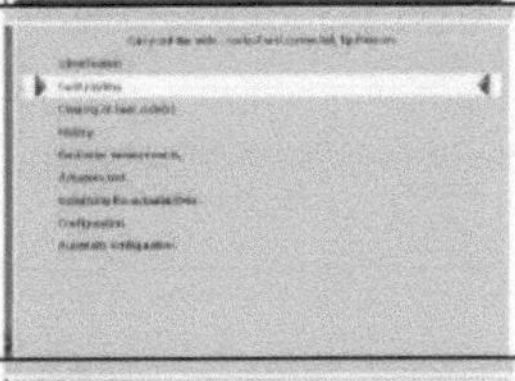
96.	Fault codes will be displayed as shown, reading permanent fault. Repairs are to be carried out at this point	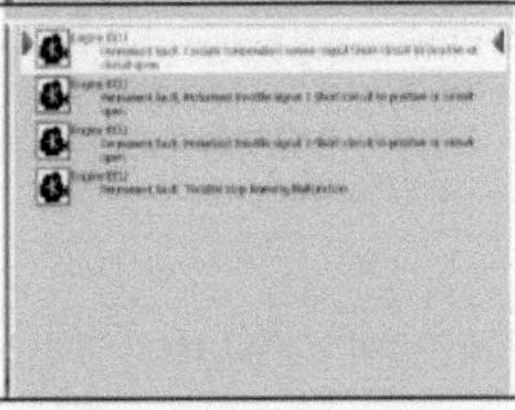
97.	After repairs, the fault codes will displayed as shown, reading intermittent fault	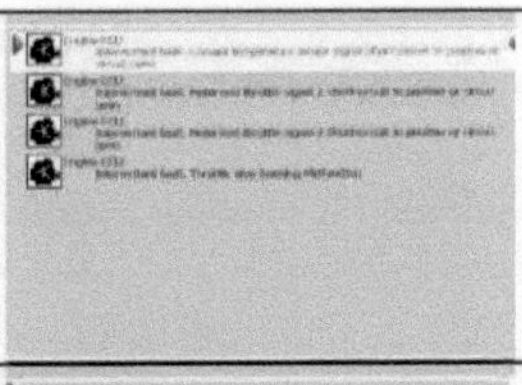
98.	Navigate to select clear fault codes	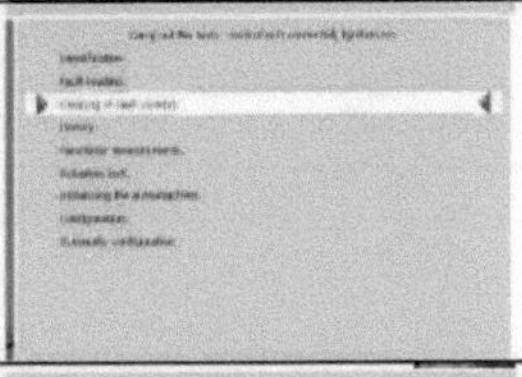
99.	Carrying out clearing fault will be displayed	

| 100. | No fault found will be displayed after clearing of fault |  |

Removal and Installation of Starter Motor

101.	Disconnect the battery ground cable	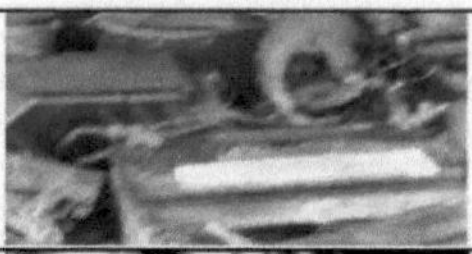
102.	Disconnect the starter motor cables from its terminals	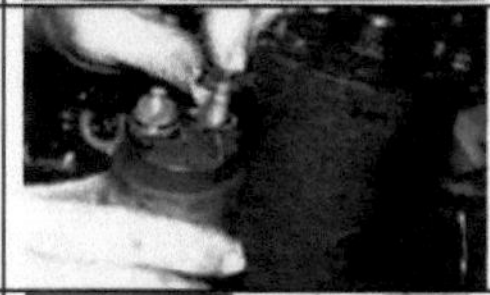
103.	Remove the starter motor assembly	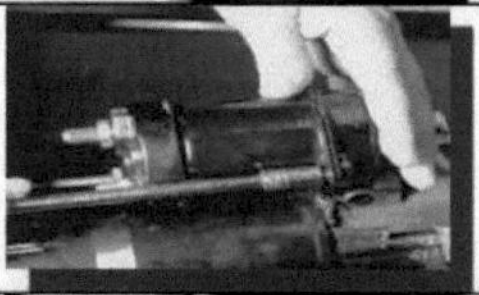
104.	Installation is in reversal order of the removal	

Inspection of Starter Pinion Clearance

| 105. | Disconnect the starter cable from its terminal | 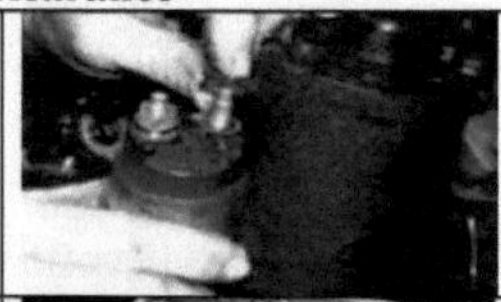 |
| 106. | Connect a 12V battery between |  |

| 107. | If the switch is turned ON, the pinion is moving. CAUTION: This test should be done as soon as possible not to damage the coil (in 10 seconds) | |
| 108. | Check the space between pinion and stopper ring using a feeler gauge. If it is out of standard, adjust clearance by adding or removing the washer between the magnetic switch and the bracket | |

Removing The Overrunning Clutch from the Armature Shaft

| 109. | Remove the stop ring by moving it to the pinion side | |

Ground Test of Armature Coil

| 110. | Then remove the stop ring from the shaft | |
| 111. | Check for continuity between the commutator and the armature coil using a circuit tester; if there is continuity, replace the rotor assembly | |

Short Circuit Test of Armature Coil

| 112. | Inspect the armature coil in the growler and if there is short circuit, replace the coil | |

113.	Rotate the armature in the growler, if the blade attached in the core vibrates, the armature is short-circuited	
	Open Circuit Test of Armature Coil	
114.	Check for continuity between the commutator segments using a circuit tester. If there is no continuity, replace the armature assembly owing to open circuit of commutator segment	
	Open Circuit Test of Field Coil	
115.	Check for continuity of the field using a circuit tester. If there is no continuity, replace the field assembly owing to open circuit of the field coil	
	Ground Test of Field Coil	
116.	With the yoke coil installed, inspect for continuity between the field coil and the yoke, if there is continuity, replace the field coil	
	Starter Motor Brush Replacement	
117.	Loose the brush holding screws from the plate	
118.	Unsolder and remove the worn brush	
119.	Clean the brush seating	

120.	Clean the pigtail with sand paper	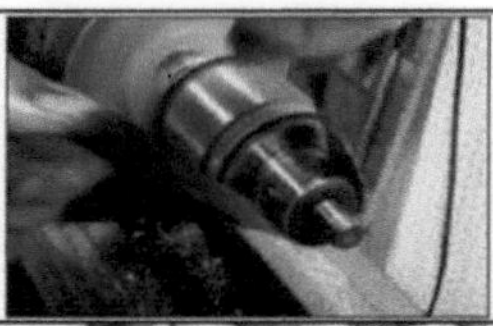
121.	Solder the pigtail and the new brush	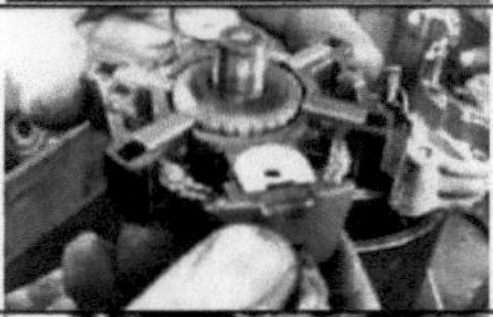
122.	Return the brush to its seating	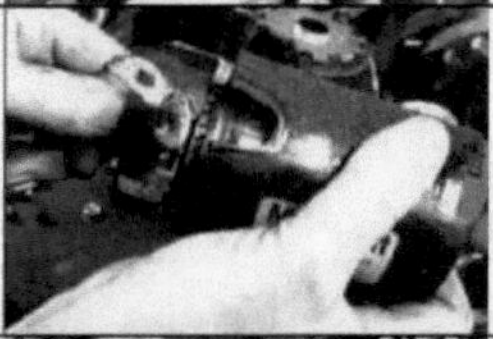
123.	Tighten the screws	
Replacing Rear Bracket Bushing		
124.	Use hammer to tap the bushing and remove it	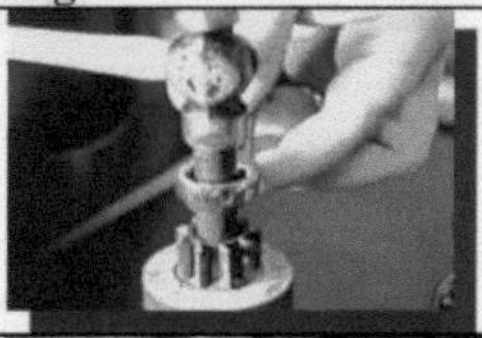
125.	Press-fit a new bushing	

Replacing Starter Motor Solenoid		
126.	Remove battery positive and negative ground cables.	

127.	Unscrew the starter nuts from the clamp	
128.	Remove the field coil strap from the solenoid terminal	
129.	Remove the attaching screws and bolts	
130.	Remove the solenoid housing	
131.	Install the new solenoid in the reverse order of removal	
132.	Reconnect the cable and wiring after installation of the starter	
133.	Reconnect the ground cable to the battery	

Computer Diagnostics Test on Vehicle Starting System

134.	Locate the vehicle interface connection port (outlet)	
135.	Connect the interface to the computer USB port and vehicle connection port	
136.	Turn the vehicle ignition on	
137.	The computer will display a home page, then select the type of vehicle	
138.	Enter the vehicle information number (VIN), locate by the front windscreen or front door hinge	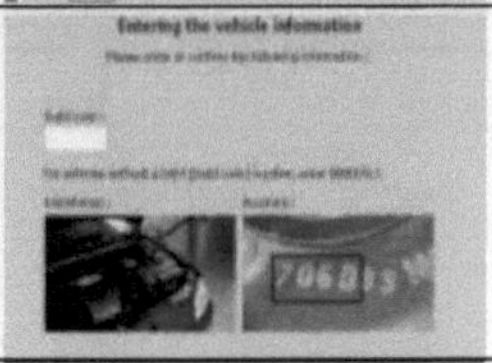
139.	Vehicle information will be display on the computer	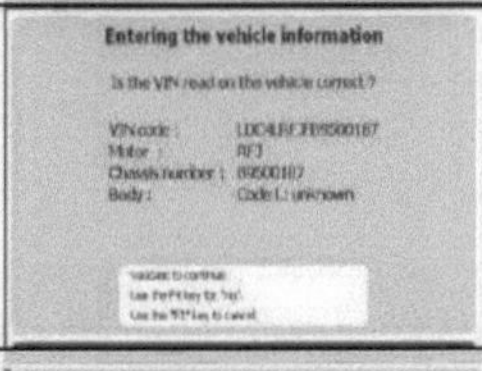
140.	Navigate using computer keyboard and locate fault reading	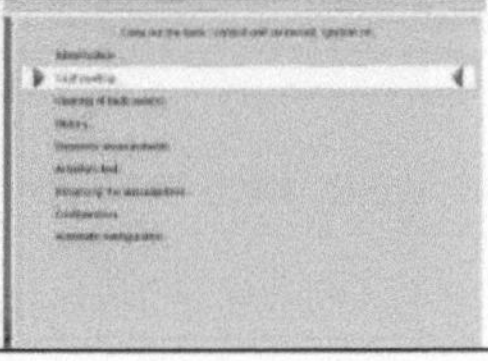

141.	Fault codes will be displayed as shown, reading permanent fault. Repairs are to be carried out at this point	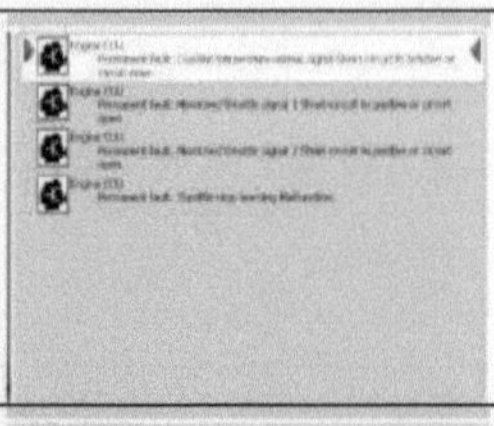
142.	After repairs, the fault codes will displayed as shown, reading intermittent fault	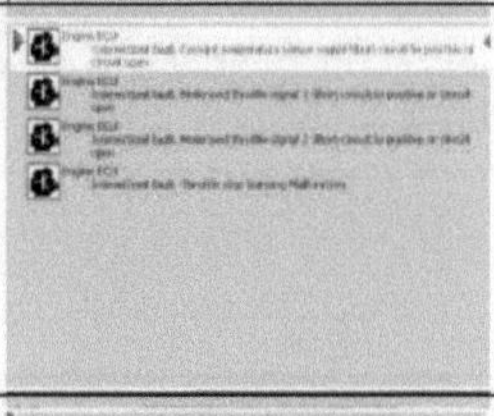
143.	Navigate to select clear fault codes	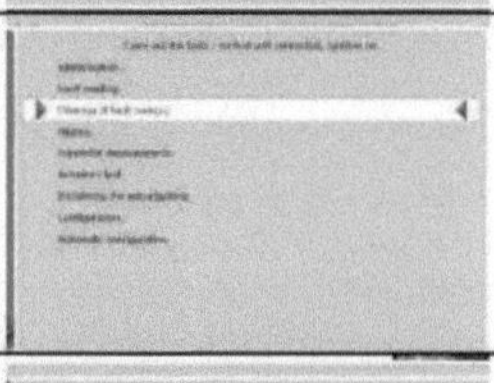
144.	Carrying out clearing fault will be displayed	
145.	No fault found will be displayed after clearing of fault	
	Replacing the Headlights Bulb	
146.	Open the vehicle hood (bonnet)	
147.	Look for the bulb holder at the back of the headlight	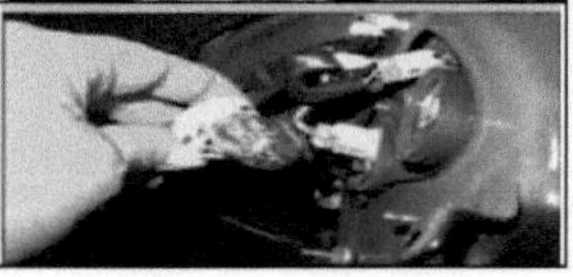

148.	Remove the wire from the bulb holder	
149.	If the holder has a plastic catch, simply press the lever on the top of the plug and pull firmly on the plug. If the holder has a metal clip, just pull up away from the holder. If the holder has a screw cap, simply unscrew it	
150.	Remove the dust cover	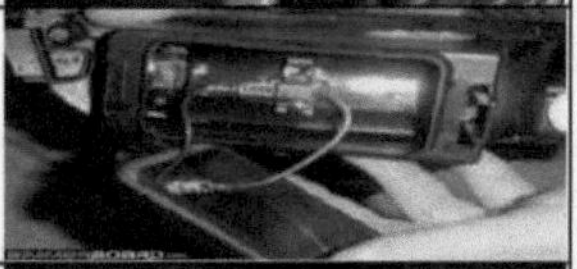
151.	Pull the old bulb out of the holder	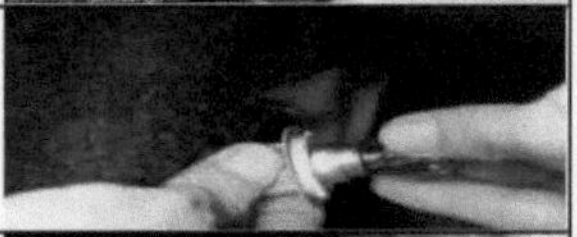
152.	Using a clean rag, wipe down the bulb holder	
153.	Insert the new bulb into the bulb holder	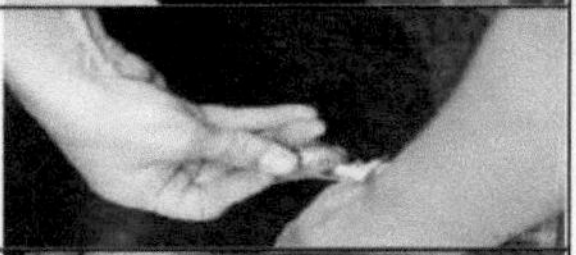
154.	Return the dust cover	
155.	Plug the wiring back in and secure the bulb	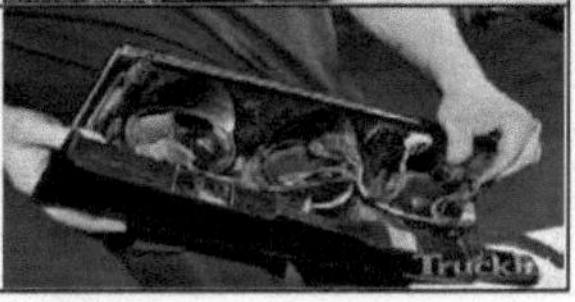

| 156. | Test to make sure it works | 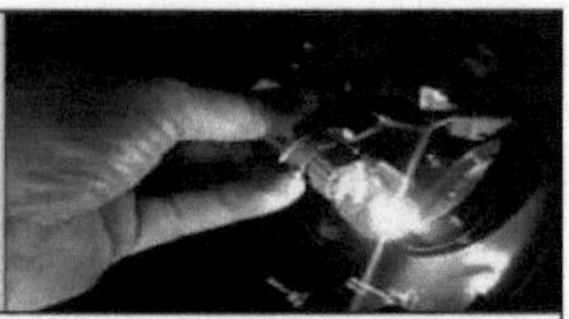 |

<table>
<tr><td colspan="3" align="center">Fixing a Fuse</td></tr>
</table>

157.	Locate your fuse box under the dashboard on the driver's side or in the bonnet	
158.	Open the box and locate the fuse that looks melted. Most fuse boxes have a diagram, so if headlight goes out, you can easily look at the diagram to make sure you are replacing the fuse that goes with the headlights	
159.	Pull the bad or blown fuse out	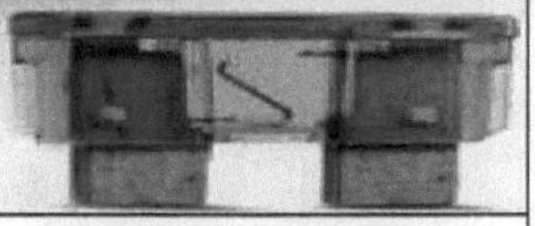
160.	Replace the blown fuse with a new fuse of the same colour and wattage	

| | **Computer Diagnostics Test on Vehicle Lighting System** | |
| 161. | Locate the vehicle interface connection port (outlet) | 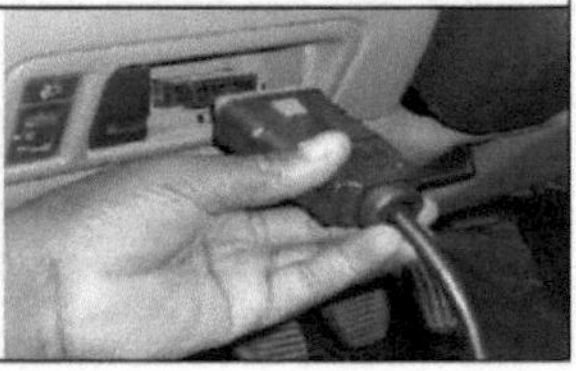 |

162.	Connect the interface to the computer USB port and vehicle connection port	
163.	Turn the vehicle ignition on	
164.	The computer will display a home page, then select the type of vehicle	
165.	Enter the vehicle information number (VIN), locate by the front windscreen or front door hinge	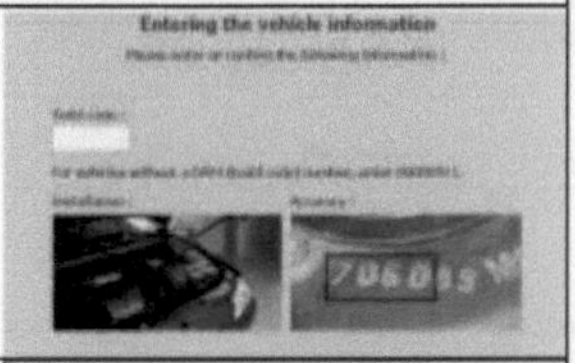
166.	Vehicle information will be display on the computer	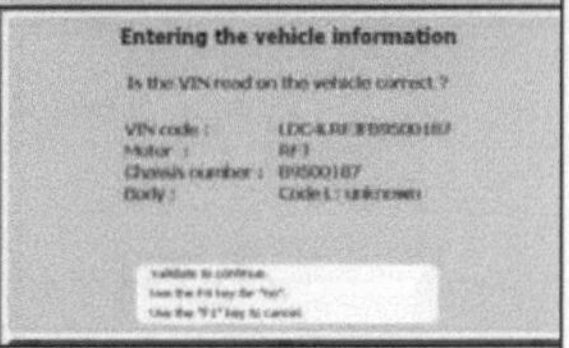
167.	Navigate using computer keyboard and locate fault reading	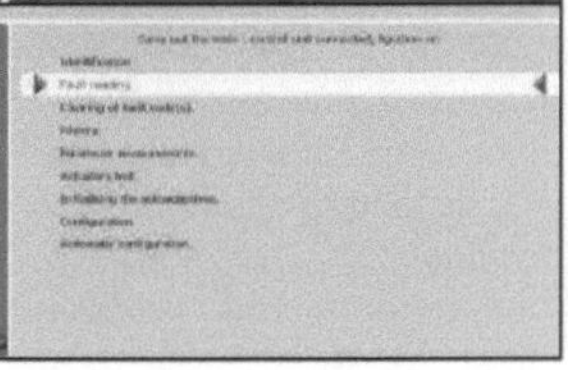

168.	Fault codes will be displayed as shown, reading permanent fault. Repairs are to be carried out at this point	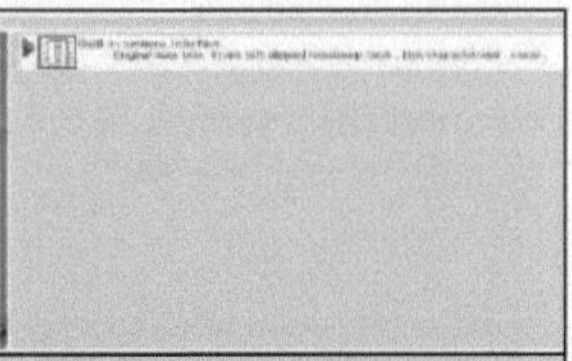
169.	After repairs, the fault codes will displayed as shown, reading intermittent fault	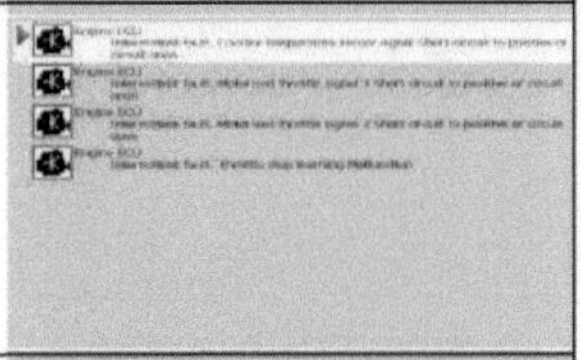
170.	Navigate to select clear fault codes	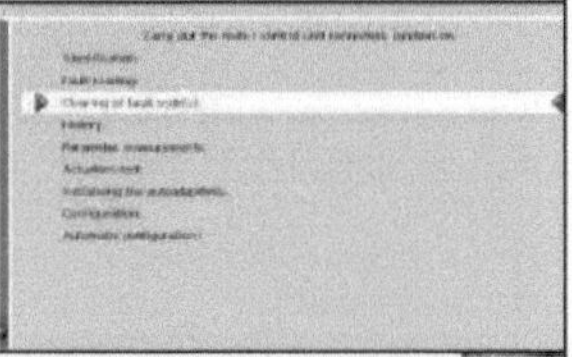
171.	Carrying out clearing fault will be displayed	
172.	No fault found will be displayed after clearing of fault	

Estratégias

1. Efetuar demonstrações de todas as actividades práticas ligadas à manutenção da auto-eletricidade/eletrónica
2. Utilizar a aprendizagem e a prática no ensino do conceito de auto-eletricidade/eletrónica
3. Visita de estudo/excursão para ver indústrias e oficinas de auto-eletricidade/eletrónica bem estabelecidas
4. Utilização do método de discussão no ensino da auto-eletricidade/eletrónica ao aluno
5. Utilizar a modelização no ensino dos diferentes aspectos da auto-eletricidade/eletrónica para permitir ao aluno imitar
6. Jogo de papéis para mostrar as etapas de vários aspectos da auto-eletricidade/eletrónica
7. Utilização de simulações em auto-eletricidade/eletrónica no ensino dos alunos
8. Fazer perguntas de sondagem para o ensino da auto-eletricidade/eletrónica
9. Encorajar os alunos na prática de workshops
10. Aplicar a observação guiada numa aula prática
11. Utilização do método da descoberta na formação de estudantes em auto-eletricidade/eletrónica
12. A aprendizagem por imitação permite que os alunos aprendam todos os aspectos da auto-eletricidade/eletrónica

13.   Aplicação da aprendizagem programada no ensino da auto-eletricidade/eletrónica ao aluno
14.   Incentivar instruções individualizadas em auto-eletricidade/eletrónica para alunos com dificuldades de aprendizagem
15.   Envolver e encorajar a discussão em pequenos grupos para garantir a participação dos alunos na prática da manutenção da auto-eletricidade/eletrónica
16.   Utilização de vídeo, cassete, televisão e outros dispositivos tecnológicos no ensino de conceitos de auto-eletricidade/eletrónica
17.   Dar tarefas aos alunos sobre auto-eletricidade/eletrónica
18.   Utilização do método expositivo no ensino de algum aspeto da auto-eletricidade/eletrónica
19.   Utilização do método do puzzle no ensino da auto-eletricidade/eletrónica ao aluno
20.   Orientar os alunos na realização de práticas reais para ensinar todas as etapas envolvidas na auto-eletricidade/eletrónica
21.   Utilização de equipamento moderno, réplica do que o aluno encontrará em situação real no ensino da auto-eletricidade/eletrónica
22.   Envolvimento de peritos em auto-eletricidade/eletrónica no ensino de algumas áreas especializadas de auto-eletricidade/eletrónica
23.   Empregar o coaching no ensino de várias etapas da manutenção de auto-eletricidade/eletrónica
24.   Utilização do conceito de cartografia no ensino de todos os aspectos da auto-eletricidade/eletrónica
25.   Desenvolvimento de instruções assistidas por computador sobre alguns aspectos da auto-eletricidade/eletrónica
26.   Aplicar sempre a técnica de inquérito aos alunos para fazer perguntas durante as aulas
27.   Envolver os alunos na seleção de ferramentas e materiais adequados para cada prática a ser ensinada em auto-eletricidade/eletrónica
28.   Explicar sempre ao aluno os vários aspectos da auto-eletricidade/eletrónica para uma melhor compreensão

Materiais

1. Martelo (sortido)	2. Alicates
3. Alicate de bico longo	4. Alicate de pegar
5. Martelo de borracha	6. Ficheiros (sortidos)
7. Grampo G	8. Soco
9. Escova de arame	10. Lâmpada de teste
11 Amperímetro	12. Voltímetro
13 Goma de gordura	14. Conjunto de cinzéis
15 Chaves de caixa	16. Chaves de porcas abertas
17. Chaves de anel	18. Chaves Allen
19 Conjunto de chaves de fendas	20 . Luvas
21 Óleo do motor	22. Torno de bancada
23 Bancada de trabalho	24. Cabos (fios)
25 Lata de óleo	26. Aventais
27. Máquina de perfuração portátil	28. Armação e lâmina de serra
29 Torno manual	30. Berbequim manual
31 Escova de arame	32. Papel de lixa
33 Contador de tempo de permanência	34. Osciloscópio
35. Ferro de soldar elétrico	36. Solda
37. Carregador de bateria	38. Óculos de proteção
39. Eletrólito	40. Ferramenta de digitalização
41. Interface de computador	41 Computador
43. Conector OBD	44. Software informático

Avaliação

1. Qualidade do trabalho e da manutenção em auto-eletricidade/eletrónica
2. Seleção de ferramentas e equipamentos adequados
3. Aplicação de conhecimentos e competências técnicas em auto-eletricidade/eletrónica
4. Capacidade de adotar as competências necessárias numa nova situação
5. Utilização eficaz de ferramentas e materiais
6. Qualidade do trabalho acabado
7. Gestão eficaz do tempo na manutenção de equipamentos eléctricos e electrónicos
8. Sustentabilidade das medidas adoptadas na manutenção de auto-eletricidade/eletrónica
9. Capacidade de resolução de problemas face a novos desafios
10. Capacidade de adaptação para corrigir as competências adquiridas numa nova situação
11. Não seguir os procedimentos inicialmente planeados
12. Empenho através da frequência regular de aulas práticas de auto-eletricidade/eletrónica
13. Cuidado no manuseamento da manutenção da auto-eletricidade/eletrónica
14. Valor estético da obra acabada
15. Trabalhabilidade da obra acabada

Printed by Books on Demand GmbH, Norderstedt / Germany